基于机器学习的三维地质建模方法研究

3D GEOLOGICAL MODELING USING MACHINE LEARNING APPROACHES

万 波　周顺平　储德平　方 芳　李 红　童恒建
李圣文　叶亚琴　杨 林　左泽均　胡茂胜　等著

中国地质大学出版社
CHINA UNIVERSITY OF GEOSCIENCES PRESS

图书在版编目(CIP)数据

基于机器学习的三维地质建模方法研究/万波等著.—武汉:中国地质大学出版社,2025.4.
— ISBN 978-7-5625-6155-2

Ⅰ.P628-39

中国国家版本馆 CIP 数据核字第 20252MV533 号

基于机器学习的三维地质建模方法研究		万　波　等著
责任编辑:唐然坤	选题策划:段　勇　毕克成	责任校对:张咏梅
出版发行:中国地质大学出版社(武汉市洪山区鲁磨路388号)		邮编:430074
电　　话:(027)67883511	传　　真:(027)67883580	E-mail:cbb@cug.edu.cn
经　　销:全国新华书店		http://cugp.cug.edu.cn
开本:787毫米×1092毫米　1/16	字数:269千字	印张:10.5
版次:2025年4月第1版	印次:2025年4月第1次印刷	
印刷:湖北新华印务有限公司		
ISBN 978-7-5625-6155-2		定价:48.00元

如有印装质量问题请与印刷厂联系调换

前　言

　　三维地质建模作为地质学研究的重要工具,一直以来备受地质、计算机科学、石油工程等领域学者的关注。地质建模是地下资源勘探和开发的关键环节,其方法与技术的发展对行业具有深远影响。随着我国资源开发的深入,地质建模面临着复杂地质条件和数据多样化的挑战。同时,随着机器学习技术的快速发展,丰富的数据源和强大的计算能力为地质建模提供了新的机遇。

　　在此背景下,本书以机器学习为核心,探索了三维地质建模的新方法和应用。笔者从数据驱动和知识驱动的角度出发,结合地质领域的专业知识,系统梳理了团队的最新研究成果。

　　一方面,本书从数据处理与建模的视角进行了多类型、多尺度的研究与探索。内容涵盖了当前主流的地质数据模态,包括钻孔数据、剖面数据、地质图数据、地球物理数据、地质文本数据及遥感影像等,涉及从区域级到矿区级的多种尺度和层次,具体探讨了基于机器学习的地质岩性预测、地层划分、三维地质体建模以及不确定性评估等问题。这些研究为地质建模的自动化和精细化提供了全面的技术参考。

　　另一方面,本书从地质建模的应用视角深入阐述了不同应用场景下机器学习方法的构建过程,通过详细的案例分析展示了如何有效应用机器学习技术,突出其在提高建模精度和效率方面的优势。具体包括一种渐进式的三维地质建模方法、一种Stacking+RBF的三维地质建模方法、一种多规则约束的三维地质建模方法、一种多视图的三维建模方法、一种GPU/CPU并行的三维建模方法以及使用"数据,知识,方法"集成形式表示的三维建模框架等内容。在研究方法上,本书注重结合地质学与机器学习的跨学科融合,通过实际案例研究力求系统展示研究团队的最新成果。

　　本书共分为8章,以三维地质建模为主题,基于机器学习算法,从多维度岩性特征、多源特征融合、多角度特征捕获、地质建模计算效率和数据与方法的有效利用5个方面,深入探讨了当前研究中存在的主要问题。在此基础上,书中通过设计新的建模策略、引入高效的分类器、聚合多个基线模型、结合多种算法融合以及设计并行计算策略,全面、准确、系统且高效地实现了6类三维地质建模模型,涵盖了多角度特征的捕获、最优建模方法的结合、高效建模策略的选择和计算效率的优化。同时,基于真实的地质数据,验证了以上三维地质模型的有效性以及在预测中的准确性。

　　本书研究内容跨越地质学、计算机科学、数据科学等多个学科,适合作为相关专业高等学校、研究机构和高科技企业研究人员与工程技术人员的参考书,可满足广大地质建模学习者、从业者和研究者的需求。

本书由万波主笔。参与本书撰写的人员还有周顺平、储德平、方芳、李红、童恒建、李圣文、叶亚琴、杨林、左泽均、胡茂胜等。这些同志长期致力于三维地质建模和人工智能方向研究，为本书的撰写付出了辛勤的劳动，在此深表感谢！

在本书的撰写过程中，特别感谢智能时空计算与软件服务团队的研究生扶金铭、李璐岚、傅乐乐、陈思文、陈凌山、樊剑辉对本书案例实验和文稿整理提供的帮助。

由于笔者水平有限，书中不足之处敬请广大读者批评指正。

万　波

2024 年 10 月于武汉

目　录

第 1 章　三维地质建模的演变与现状 ································ (1)
 1.1　三维地质建模的背景与意义 ································ (1)
 1.2　经典空间插值方法 ································ (2)
 1.3　机器学习与三维地质建模 ································ (4)
 1.4　基于机器学习的三维地质建模方法发展 ································ (5)
 1.5　存在的问题与挑战 ································ (7)
 1.6　研究内容 ································ (8)

第 2 章　相关数学及理论基础 ································ (10)
 2.1　数据预处理与标准化方法 ································ (10)
  2.1.1　预处理方法 ································ (10)
  2.1.2　标准化方法 ································ (13)
 2.2　机器学习算法基础 ································ (14)
  2.2.1　支持向量机(Support Vector Machine,SVM) ································ (15)
  2.2.2　决策树(Decision Tree,DT) ································ (17)
  2.2.3　K 最近邻(K-nearest Neighbor,KNN) ································ (18)
  2.2.4　随机森林(Random Forest,RF) ································ (19)
  2.2.5　人工神经网络(Artificial Neural Network,ANN) ································ (20)
  2.2.6　多层感知器(Multilayer Perceptron,MLP) ································ (20)
  2.2.7　图神经网络(Graph Neural Network,GNN) ································ (21)
  2.2.8　增强学习(Boosting) ································ (22)
  2.2.9　堆叠方法(Stacking) ································ (23)
 2.3　机器学习模型评估方法 ································ (25)
  2.3.1　F1 分数 ································ (25)
  2.3.2　总体分类精度 ································ (26)
  2.3.3　Kappa 系数 ································ (26)
 2.4　地质模型不确定性评估方法 ································ (27)
 2.5　本章小结 ································ (27)

第 3 章　一种渐进式的三维地质建模方法 ································ (29)
 3.1　研究动机 ································ (29)

3.2 两阶段渐进式的三维地质建模方法 ……（30）
3.2.1 数据重采样 ……（30）
3.2.2 渐进式地质建模方法 ……（30）
3.2.3 不确定性分析 ……（32）
3.3 实验和结果分析 ……（33）
3.3.1 实验数据集 ……（33）
3.3.2 渐进式模型训练 ……（34）
3.3.3 分类结果分析 ……（34）
3.3.4 消融实验 ……（39）
3.3.5 分类器效果比较 ……（40）
3.3.6 地质模型中的时空关系 ……（41）
3.4 本章小结 ……（43）

第4章 一种 Stacking＋RBF 的三维地质建模方法 ……（44）
4.1 研究动机 ……（44）
4.2 技术路线 ……（45）
4.3 Stacking＋RBF 的三维地质模型 ……（46）
4.3.1 数据集构建 ……（46）
4.3.2 Stacking 集成策略模型架构 ……（47）
4.3.3 径向基函数曲面矿体建模 ……（48）
4.4 实验和结果分析 ……（49）
4.4.1 实验数据介绍 ……（49）
4.4.2 矿体模型构建 ……（51）
4.4.3 建模方法对比及分析 ……（53）
4.5 本章小结 ……（55）

第5章 一种多规则约束的三维地质建模方法 ……（56）
5.1 研究动机 ……（56）
5.2 技术路线 ……（57）
5.3 多规则约束的三维地质建模方法 ……（58）
5.3.1 全局地质特征提取 ……（58）
5.3.2 融合多规则的集成机器学习模型 ……（67）
5.4 实验结果与分析 ……（71）
5.4.1 实验区域地质概况 ……（71）
5.4.2 实验区域地质数据 ……（72）
5.4.3 垂直特征提取结果 ……（74）
5.4.4 水平特征提取结果 ……（78）
5.4.5 实验区域模型建立与精度评估 ……（82）
5.5 本章小结 ……（97）

第6章 一种多视图的三维建模方法 ……………………………………………………(98)
6.1 研究动机 …………………………………………………………………………(98)
6.2 技术路线与地质数据特征 ………………………………………………………(99)
6.2.1 技术路线 …………………………………………………………………(99)
6.2.2 数据介绍 …………………………………………………………………(100)
6.2.3 数据集划分 ………………………………………………………………(102)
6.3 多视图集成机器学习模型 ………………………………………………………(104)
6.3.1 多视图特征提取 …………………………………………………………(104)
6.3.2 多视图特征融合 …………………………………………………………(105)
6.3.3 特征学习和分类 …………………………………………………………(105)
6.4 实验和结果分析 …………………………………………………………………(106)
6.4.1 实验部分 …………………………………………………………………(107)
6.4.2 分类器选择 ………………………………………………………………(109)
6.4.3 性能比较与误差分析 ……………………………………………………(110)
6.4.4 3D建模评估与不确定性分析 ……………………………………………(112)
6.5 本章小结 …………………………………………………………………………(114)

第7章 一种GPU/CPU并行的三维建模方法 …………………………………………(116)
7.1 研究动机 …………………………………………………………………………(116)
7.2 技术路线 …………………………………………………………………………(117)
7.2.1 RBF差值形式化 …………………………………………………………(117)
7.2.2 计算框架 …………………………………………………………………(118)
7.3 基于CUDA的HRBF并行算法 …………………………………………………(119)
7.3.1 领域分解的空间自适应采样算法 ………………………………………(119)
7.3.2 两阶段策略的并行RBF插值算法 ………………………………………(121)
7.3.3 GPU加速的并行径向基函数插值算法 …………………………………(122)
7.4 实验和结果分析 …………………………………………………………………(123)
7.4.1 实验与数据 ………………………………………………………………(123)
7.4.2 基于真实世界数据的建模结果 …………………………………………(124)
7.4.3 空间自适应采样有效性 …………………………………………………(125)
7.4.4 用户自定义参数的灵敏度 ………………………………………………(126)
7.4.5 GPU加速并行计算的性能增益估计 ……………………………………(127)
7.5 本章小结 …………………………………………………………………………(129)

第8章 使用"数据,知识,方法"集成形式表示的三维建模框架 ……………………(130)
8.1 研究动机 …………………………………………………………………………(130)
8.2 "数据,知识,方法"集成的三维建模框架 ………………………………………(131)
8.2.1 地质建模综合框架 ………………………………………………………(131)
8.2.2 数据融合与知识集成 ……………………………………………………(131)

  8.2.3 根据地质复杂程度进行区域划分 ……………………………… (135)
  8.2.4 方法自适应匹配与模型生成 …………………………………… (136)
 8.3 实验和结果分析 ………………………………………………………… (137)
  8.3.1 研究区域介绍 …………………………………………………… (137)
  8.3.2 数据介绍 ………………………………………………………… (139)
  8.3.3 区域划分结果 …………………………………………………… (139)
  8.3.4 三维地质模型 …………………………………………………… (141)
  8.3.5 时间感知拓扑 …………………………………………………… (142)
  8.3.6 地质知识的整合 ………………………………………………… (143)
 8.4 本章小结 ………………………………………………………………… (144)
参考文献 ……………………………………………………………………… (146)

第1章 三维地质建模的演变与现状

在地质勘探、资源开发和工程建设等领域,准确、精细的三维地质建模是理解地下复杂结构、预测资源分布、评估地质风险的关键手段。传统的地质建模方法依赖于专家经验和规则驱动,但面对日益复杂的地质条件和海量、多源的地质数据,这些方法在精度、效率以及自动化程度上存在明显局限。随着数据科学的快速发展,机器学习技术凭借其强大的非线性建模能力和数据驱动的特性,逐渐成为三维地质建模领域的重要工具。通过引入机器学习,三维地质建模的自动化水平和预测精度得到了显著提升,但同时也面临着模型泛化能力不足、数据融合复杂性高等挑战。

1.1 三维地质建模的背景与意义

三维地质建模是一种基于稀疏地学数据进行空间插值从而形成地质立体模型的三维可视化方法。这一概念由加拿大学者 Houlding 首次提出,其本质是用于模拟地下空间结构、属性和地质现象的数学过程[1]。通过三维地质模型,我们可以揭示地质体的几何形态、空间拓扑关系等结构信息,展现物探、化探属性的分布特征,以及地质属性场在构造应力下的变化特征。此外,该模型还能动态模拟滑坡、泥石流、构造演化等地质现象的发生及演变过程[2-5]。三维地质建模技术的发展是使地质模型更加符合实际地质情况和地质演变规律的前提条件,只有当模型能够真实表达地下空间复杂场景时,才能更好地应用于地质勘探、灾害防治等实际领域。

然而,地质建模本质上是一个基于稀疏数据进行数值模拟的过程,数据源的种类、特点、密集程度等因素会直接影响空间插值算法、建模方法的选择以及建成模型的精度[6]。在地质大数据的时代,尽管地质调查和工程勘探积累了大量的、多模态的地学数据,但是这些数据在空间上分布依旧稀疏且不均匀。因此,研究多种建模数据源的优缺点并探索多模态数据的融合处理技术,显得尤为重要。有效地理解和整合多来源、多模态数据,充分挖掘地质特征和约束规则,可以更高效地建立三维地质模型[7-9]。

为缓解建模数据稀疏性,空间插值技术的引入成为关键手段之一。通过对离散的已知样本点进行内插或外推,空间插值技术能够获得地质空间的连续曲面或地质特征的连续性变化[10-11]。在地质建模中,常用的空间插值算法以地理学第一定律为基础,即认为空间位置越靠近的点,其特征值越相似。由于地质空间具有各向异性,地质体内相近点的特征趋向于一致的可能性更大[12]。

随着科技的进步,机器学习插值方法的出现为空间插值领域带来了新的契机。这些方法能够处理更复杂的模式识别问题和非线性关系,提供比传统插值方法更高的预测精度和更好的适应性。利用机器学习模型的强大泛化能力,研究人员能够更有效地捕捉地质数据中的隐含模式和规律,进而提高三维地质模型的精细度和准确性。

经过30多年的发展,三维地质建模技术已被国内外学者广泛研究和验证,并且适应不同地质背景和应用需求的建模方法不断涌现。浅层地表特征的地质调查数据和深部地质属性的物探数据被广泛应用于建模中,并衍生出一系列建模方法。同时,学者们还针对不同插值算法提出或改进了相应的建模方法[13-16]。现有建模技术能够较好地构建简单层状地质体,同时对特殊地质构造的刻画也取得了一定进展。然而,随着应用场景的复杂化和模型精细化需求的增加,人们对现有的三维地质建模技术提出了更高的要求,期望其能建构更加精准且符合实际地质情况的模型,并能应用于复杂场景以解决更复杂的地质问题。

本书将深入探讨机器学习在三维地质建模中的创新应用,结合地质学专业知识和多模态数据处理技术,从数据驱动与知识驱动两个方面全方位地展示地质岩性预测、地层划分、三维建模及不确定性评估等前沿研究,旨在提高建模的精度与效率,满足复杂地质条件下的实际应用需求,为地质勘探和资源开发提供全新的技术视角与解决方案。

1.2 经典空间插值方法

空间插值方法通过利用已知的空间数据点,构建出能够描述空间分布的函数关系式,从而对未知空间的数值做出预测[17]。地质数据通常具有稀疏性和局限性,难以覆盖整个研究区域。因此,空间插值方法利用空间自相关性来进行预测,提高了地质模型的精度和完整性。这些方法已经成为地质数据分析和预测的重要工具,已广泛应用于地质建模中。

在传统的空间插值算法中,常用于地质建模领域的算法主要包括线性插值、最近邻插值、反距离权重插值、样条函数插值、径向基函数插值以及克里金插值等,如表1.1所示。应用这些方法的关键在于根据地质特征和数据分布情况选择最适合的插值算法[18]。

在处理地质条件相对简单或需要迅速建立地质模型的情况下,最近邻插值和线性插值方法因其简便性而常被采用。其中,线性插值通过在已知数据点之间构建直线来估算这些点之间区域的地质特征,这在地质构造简单的沉积地层区域能够快速有效地进行地质构造估计[19]。最近邻插值法则更为直接,它将未知点的属性直接赋值为最近已知点的属性值。与线性插值相似,最近邻插值适用于对精度要求不高但对处理速度有较高要求的场合。由于计算快捷和操作简便,这两种方法在地质建模的初步阶段发挥着重要作用。

表 1.1　常用的空间插值方法及其特性

空间插值方法	适用条件	优势	不足
线性插值	形态简单地质体	计算速度快	模型有棱角不符合真实地质体形态
最近邻插值	样本分布不均匀	计算速度快	插值结果不连续,精度低
多元回归分析	样本数据丰富	多特征精度高,模型解释性强	异常值敏感,数据要求近似正态分布
趋势面分析	空间离散点	计算速度快,描述整体趋势	只能描述简单趋势,无法捕捉局部特征
样条函数插值	边界条件确定	插值光滑,能够表现局部变化	异常值敏感,难以表现短距离变化
自然邻域插值	样本分布不均匀	插值光滑,结果保持在样本之内	边界处精度较低
离散光滑插值	多值曲面空间离散点	插值光滑,逼近真实地质体	计算速度慢,数据质量要求高
径向基函数插值	空间离散点	插值光滑,精确插值	数据量大时计算复杂
反距离权重插值	空间离散点	计算速度快,考虑空间位置信息	精度不足,无模型变化趋势
克里金插值	空间数据点之间存在相关性	插值光滑,无偏估计	数据要求近似正态分布

当地质数据在空间上呈现出连续变化趋势,并且需要获取整体趋势、模式或关系时,通常会采用全局插值方法。其中,多元回归分析法基于变量间相关关系的数理统计原理,能够提供描述这些关系的数学表达式,并利用概率统计对其进行分析,以判断有效性。通过分析多个自变量与一个因变量之间的相关关系,可以建立预测模型进行预测[20]。此外,通过整合研究区的不同数据集,可以选择相关变量来构建多元回归模型,还可以对地下空间进行详细模拟[21]。同样是全局插值方法的一种,趋势面分析通过将空间已知采样点数据拟合为一个平滑的数学平面方程来反映空间分布的变化情况。这个方程可以用于计算无测量值点上的数据。当趋势、残差能够分别与区域和局部尺度的空间过程相关联时,趋势面分析的效果最佳[22]。这种方法能够有效地揭示地质储层空间的整体趋势变化,并对地下空间进行预测[23]。

在地质样本分布不均、存在显著局部差异性,或地质构造出现明显变化的情况下,局部空间插值方法常被用于捕捉关键地质特征。在这些方法中,样条函数插值借助给定的数据点通过构造分段多项式函数以逼近光滑的曲面[22],适用于拟合复杂的地层界面[24]。自然邻域插值通过识别距查询点最近的输入样本子集,并基于区域大小按比例对这些样本应用权重来进行插值,能够表达离散数据值间的局部相关性[25]。其特点更适用于以钻孔为数据源构建的含复杂地质现象(如褶皱、透镜体、受力挤压带等)的三维地质模型[26]。

离散光滑插值通过将目标体离散化,用一系列相互连结的节点来模拟地质体,将地质特征或属性信息转成节点上的线性约束[27];径向基函数插值则以相对于采样点的欧式距离为自变量构造曲面函数进行表达,利用采样位置自身的场效应进行插值[28]。这两种插值方法适合于需要精确约束条件的复杂地质体建模,能很好地拟合控制点,常用于建立复杂的地质曲面[29-30]。

在需要属性插值及矿产资源计算的场景中,反距离权重插值以及克里金插值方法常被使用。反距离权重插值以已知点坐标的加权平均值来对空间中的未知点进行预测,权重的分配与插值点到已知点距离呈负相关关系,能够适用于空间数据离散点,在各类地质情况中都有较好的表现[25]。克里金插值则通过考虑样本点之间的空间自相关性进行无偏最优估计,利用变差函数(variogram)描述空间数据的自相关性,通过解算线性方程来获得插值点的最佳估计值[31]。克里金插值能够有效地处理具有空间相关性的数据,被广泛应用于地下地质空间预测[32-33]。

空间插值方法的效能很大程度上依赖于地质数据的空间相关性。根据不同的地质条件和数据质量选择恰当的插值技术,可以在一定程度上预测地下空间的特性。然而,面对复杂的地质结构和海量数据,这些方法显示出了明显的局限性,难以完全满足现代地质建模的高标准要求。空间插值方法在解析复杂地质结构时,往往难以捕捉到地质特征的多尺度性和非线性关系。当面对大规模数据集时,还面临着高计算复杂度、大内存需求和缓慢计算速度等问题。此外,空间插值方法对数据分布的敏感性以及模型选择的复杂性也限制了其在实际应用中的效能。

因此,在现代地质建模领域,有必要整合更为先进的模型和计算技术,通过引入复杂的模型和高效的计算手段,可以显著提升建模的精确度和工作效率。这不仅包括采用机器学习算法、多尺度建模技术,还包括利用并行计算和高性能计算技术,从而更有效地处理大规模地质数据,构建更为精确的地质模型,以支持地质勘探和资源评估的决策过程。通过这些改进,现代地质建模能够更好地应对复杂地质条件的挑战,提供更高质量的决策支持,推动地质科学与工程的不断进步。

1.3　机器学习与三维地质建模

尽管传统空间插值方法在地理信息系统、遥感、环境科学等多个领域中被广泛采用,但在一些方面仍存在明显的局限性。首先,插值结果的准确性常因人为选择插值函数的差异而受到影响[34]。这种主观因素可能导致插值结果的偏差,限制传统空间插值方法在科学研究和实际应用中的发展。其次,随着大数据时代的到来,数据产生速度急剧增加,数据的体量有了前所未有的增长。能够提取地质特征的数据源种类繁多,包括钻孔数据、地球物理数据、地震数据、二维剖面数据等[35]。这些丰富的数据源为三维地质精细化建模提供了广泛的支持。然而,随着数据集规模的扩大,传统空间插值方法所需的计算资源和时间也成倍增加[36]。此外,由于地质条件复杂、数据采集难度大及其他多种因素的影响[37],部分数据的属性变化表现出显著的非线性特征[38]。这进一步加大了传统插值方法准确反映地质体实际状态的难度,迫切需要更高效、准确的插值方法。

近年来,随着人工智能的迅速发展,机器学习作为实现人工智能的重要路径在各个领域引起了广泛关注,同样在地质领域中,应用也越来越广泛[39]。其中一个原因是机器学习可以通过学习数据中的复杂模式,进而更有效地处理非线性和高维数据,从而能有效地克服传统空间插值方法在处理大型数据集时效率低下以及容易受主观性影响的问题。目前常见的机器学习插值算法包括支持向量机 SVM(Support Vector Machine)、KNN(K - nearest Neighbor)、决策树 DT(Decision Tree)、随机森林 RF(Random Forest)等。在区域三维地质建模的研究中,可以采用这些方法分别建立预测模型,并通过精度比较选择最优模型进行最终预测[36,40-41]。在这一领域的研究中,许多学者进行了探索并取得了重要成果。例如 Smirnoff 等[42]提出了一种利用 SVM 实现三维地质建模的方法,探讨了 SVM 在多元建模中的可行性和有效性;Goncalves 等[43]提出了机器学习和势场法结合的地质构造隐式建模方法;Guo 等[44]将三维地质建模问题转换为地下空间栅格单元的属性分类问题,并基于 SVM、RF、KNN、LR(Logistic Regression)等算法实现了稀疏钻孔数据的自动三维地质隐式建模,为实现自动化的三维地质建模提供了创新的解决方案。

基于机器学习的三维地质建模是一种通过机器学习技术来构建、分析和优化地质模型的过程。其基本原理是:从已有的控制剖面或钻孔数据中构建训练数据集,将建模区域划分为多个网格单元,并运用机器学习算法来推断每个网格节点的地下地质结构,最终通过整合每个网格单元所包含的地质复杂数据,构建出一个三维地质模型[45]。这种建模方法结合了地质学、计算机科学和数据科学的知识,能够处理大规模复杂数据并捕捉地质模式的细微差异,从而为更全面和高效地理解地下结构及资源分布提供了有力的工具。随着技术的持续进步和多学科交叉研究的深化,基于机器学习的三维地质建模将在未来的地质研究和资源开发中发挥越来越重要的作用,有望推动地质科学的技术进步和成果应用,提升整个行业的研究水平和应用价值。

1.4　基于机器学习的三维地质建模方法发展

为了深入理解基于机器学习的三维地质建模的发展历程及其未来潜力,我们必须从历史视角审视其演变和创新路径。自1950年图灵提出人工智能概念以来的70多年中,机器学习经历了从兴起至短暂低潮,再到从知识驱动向数据驱动的转型。这一转变不仅改变了技术发展方向,还重新定义了应用领域的可能性。伴随这一技术变革,基于机器学习的三维地质建模方法在近20年中逐步从传统的统计分析向数据驱动的智能分析转型,形成了以深度学习和集成学习为核心的新方法体系。这一变革显著提升了三维地质建模的精度和效率,为地质资源的探测、评估和管理提供了强有力的技术支持。

如图1.1所示,尽管机器学习在其他领域的应用发展迅速,但其在三维地质建模领域的研究进展相对滞后。然而,随着机器学习的第二次高潮到来,国内外一些学者开始尝试使用基础学习算法进行三维地质建模的探索[46]。在三维地质建模领域常用的机器学习方法如表1.2所示。例如 Porwal 等[47]探讨了利用人工神经网络（ANN）进行矿产潜力制图的方法，展示了早期人工智能技术在地质应用中的潜力。Smirnoff 等[42]使用支持向量机（SVM）有效从稀疏数据中提取了有意义的地质特征，为处理不完整数据集提供了新方法。Caers 和 Ma[48]将神经网络引入多点地质统计以建立多点地质模型，开创了复杂地质结构建模的新思路。然而，早期模型如神经网络在参数调优和训练稳定性方面的挑战限制了其广泛应用，这些技术瓶颈在一定程度上阻碍了其推广。

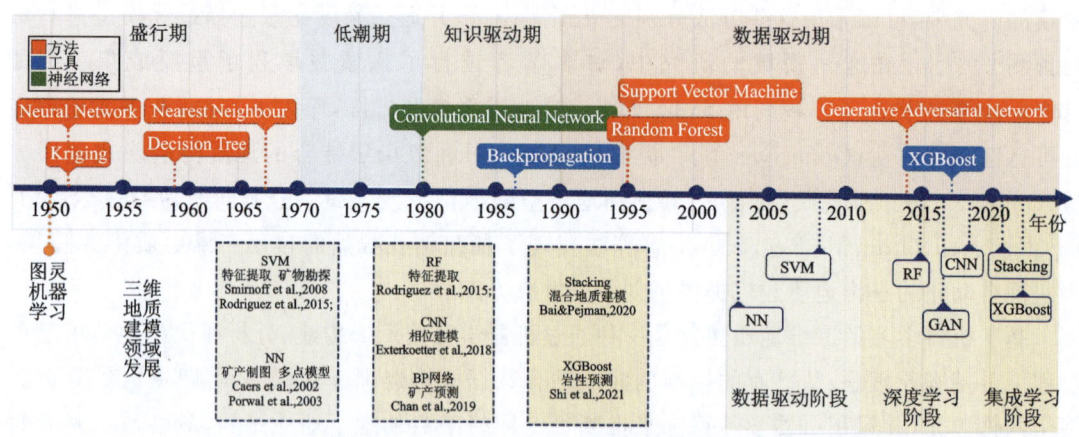

图 1.1　基于机器学习的三维地质建模发展时间轴

表 1.2　常用的机器学习方法及其特性

机器学习方法	适用条件	优势	不足
支持向量机（SVM）	离散或者连续特征，中小型数据集	高维数据表现优异，解决复杂决策边界，处理非线性问题	参数选择敏感，大型数据集训练时间长
决策树（DT）	离散或者连续特征	计算速度快，易于理解和解释	容易过拟合，对噪声和异常值敏感，小型数据集效果欠佳
K最近邻（KNN）	样本分布不均匀，中小型数据集	训练过程简单，计算速度快，预测结果直观	K值直接影响预测能力，数据质量要求高
随机森林（RF）	大型数据集	高维数据表现优异，处理特征缺失问题	模型复杂度高，参数选择敏感
人工神经网络（ANN）	大型数据集	大规模数据集，自动学习特征表示	训练时间长，小类别样本效果欠佳
XGBoost	大型数据集	支持并行处理和缺失值处理	训练资源较大，超参数调优复杂
堆叠方法（Stacking）	大型数据集	模型预测效果稳定，模型泛化能力强	数据量需求大，计算资源大

2001年,"随机森林"[49]算法提出,其复杂的统计基础和实施难度曾一度影响其应用推广,但随着时间的推移研究者逐渐克服了这些障碍。Rodriguez等[50]综合运用人工神经网络、回归树、随机森林和支持向量机进行了矿产远景评估,不仅对比了这些算法的性能,还深入分析了成矿的地质控制因素,为不同算法的最优应用场景提供了重要参考。

进入深度学习时代,卷积神经网络(CNN)的广泛应用使地质建模在处理复杂数据特征上取得了突破。CNN擅长捕捉大规模数据中的复杂地质结构特征,可显著减少对手工特征选择的依赖,它在图像数据处理上的卓越表现也成功迁移到地质数据处理中。例如Mosser等[51]使用卷积生成对抗网络(GANs),实现了基于地震反演数据的相位建模,开拓了基于地震数据的地质建模新方向;Fu等[52]通过整合多种地质数据特征,并利用反向传播神经网络进行矿产预测,展示了多源数据融合的潜力。

当前,以深度学习为核心的三维地质建模方法正处于蓬勃发展阶段。研究集中在基于生成对抗网络(GANs)的储层建模方法上。GANs的引入为生成高质量的三维地质模型开辟了新方向,它们能够有效地从现有数据中生成新的样本,提高模型多样性。Chan和Elsheikh[53]通过改进的Wasserstein GAN实现了不同曲率信道的仿真,进一步推动了复杂地质结构的合成研究。集成学习通过结合多个学习算法来提升建模的准确性和稳健性,近年来在堆叠方法(Stacking)和XGBoost等算法的推动下,已广泛应用于处理不平衡数据和高维特征。Jia等[54]成功将Stacking应用于地质领域,通过训练岩性钻孔数据和地球物理数据,提高了岩性预测性能。Shi和Wang[55]基于XGBoost开发的新方法(IG - XGBoost 3D)通过垂直训练图像学习地层特征,实现了地层岩性预测和三维地质模型的构建。这些研究成果预示着机器学习在地质建模领域的广泛应用前景,尤其在自动化建模和实时数据处理方面有巨大潜力。

1.5 存在的问题与挑战

基于机器学习的三维地质建模方法在提升自动化水平和预测精度方面取得了显著进展,正在革新地质勘探和资源管理的传统方式。然而,该领域仍面临一系列关键挑战,亟需进一步的研究和技术优化。

首先,模型的泛化能力不足是当前主要的挑战之一。在训练过程中,机器学习模型可能会过度拟合特定数据集,导致在处理新数据时预测准确性下降。这在地质建模中尤为重要,因为地质条件通常具有极大的变化性和非线性特征。

其次,地质数据的多样性和复杂性给建模带来了严峻考验。地质数据来源广泛,包括钻孔数据、地球物理数据和地震数据等,这些数据在尺度、精度和格式上各不相同。如何有效融合和处理这些多源异构数据从而构建一个统一且精确的地质模型,仍是一项复杂且具有挑战性的任务。

此外,随着数据集规模的不断扩大,计算复杂度和资源需求的增加也不容忽视。尽管机器学习算法具备处理大量数据的能力,但随着数据规模的急剧增加,所需的计算资源和时间亦呈指数增长。这对模型在实时应用中的表现，以及大规模地质勘探项目的实施提出了新的挑战。为此，引入更高效的算法和并行计算技术以降低计算成本并提高计算效率显得尤为重要。

最后，机器学习模型的选择和参数设定通常需要大量实验与调试，这无疑增加了建模的复杂性和时间成本。不同的地质条件和数据特征可能需要不同的模型与参数设置，对于缺乏专业知识的用户而言，这是一项艰巨的任务。因此，发展自动化的模型选择和参数优化工具并简化模型使用的用户界面，将是未来研究的重要方向。

综上所述，尽管基于机器学习的三维地质建模方法在诸多方面取得了突破，但要充分发挥其潜力，仍需在提高模型泛化能力、增强数据融合有效性、优化计算效率以及提升模型易用性等方面进行深入研究和持续改进。

1.6　研究内容

三维地质建模涉及地质学、计算机科学、数据科学等多个学科，除了依赖高质量的地质勘探数据外，还需选择和应用适当的建模方法。尽管现有对三维地质建模方法的研究取得了一定的进展，但随着地质问题的复杂性不断增加，各种过程生成的数据呈现指数级增长，这给研究人员在深入理解地质现象及精确预测目标情景方面带来了巨大的挑战。传统的建模方法难以应对日益复杂的地质结构和多尺度空间特征的表征，近年来兴起的机器学习模型凭借出色的非线性数据处理能力和强大的预测性能，在三维地质建模领域展现了明显的优势。因此，本书围绕机器学习方法从三维地质建模过程的不同方面展开了研究。同时，对建模效率和方法的适用性进行了探讨，旨在为三维地质建模提供更加高效且广泛适用的解决方案。

在基于机器学习的地质建模应用中，岩石类型的预测常常是研究的重点。这是因为岩性组合直接影响了沉积环境的特征，并对地质资源的勘探与开发起到关键作用。通过对岩石类型的准确预测，研究人员能够识别潜在的矿藏位置、评估地质灾害的风险并采取相应的防范措施。然而，现有的研究大多是单一的岩性预测过程，忽略了岩石单元之间在时间和空间上的相互关系。本书旨在对地质单元进行重建，以求在同一个三维地质模型中同时整合岩性和地层信息，使得人们能够更深入地理解岩性特征及其沉积演化过程。

进一步研究可以发现，传统的机器学习三维地质建模方法通常依赖于单一的分类器，如支持向量机(SVM)、决策树(Decision Tree)、随机森林(Random Forest)等。以上方法均在某些场景下表现良好，但它难以应对日益复杂的地质环境和多样化的数据特征。一方面，本书提出使用多分类器的方法，通过集成多个模型的预测结果，以提升模型的鲁棒性和精度，更好地适应复杂地质环境下的建模需求；另一方面，集成模型还将特别考量地下空间的整体形态特征，从而克服当前大多数机器学习建模方法依赖于离散钻孔数据来预测空间中局部单个点位的岩性类别的局限性。通过这种方式，可以从有限的稀疏数据中提取更为详细的地质特征，并在多重规则的约束下进行更为准确的三维地质建模。

同时,随着不同来源和不同类型的数据量迅速增长,越来越多的研究人员和学者致力于开发能够整合多数据源的三维地质建模方法。现在常见的研究是在空间坐标基础上添加重力数据、磁力数据等地球物理数据来提高模型性能,也就是在单一视图中添加特征维度。然而,这种方法并未充分发挥多源数据的优势,无法在复杂多变的地质环境中达到最优的建模效果。为此,本书提出了一种多视图三维建模方法,该方法能够自适应地融合不同来源的数据,充分利用每种数据的特性,通过多视图的协同分析提升建模精度和鲁棒性。与此同时,本书还强调将地质知识融入建模过程,充分利用多源数据和地质知识,为地质科学研究和工程实践提供有力支撑。

　　此外,随着大规模地质建模和模型精细化需求的不断增长,建模计算量的增加与效率低下之间的矛盾愈发明显。建模中常用的HRBF插值方法虽然方便快捷,但在面对精细化建模任务时,往往也会导致冗余计算量的增加,且基于CPU的HRBF并行建模在计算资源方面的消耗也相对较大。为了进一步提升建模效率,本书引入了基于CUDA的并行计算技术,结合GPU强大的并行处理能力,优化了HRBF插值算法的计算流程,显著改善了传统HRBF并行建模的局限性。

　　本书综合考虑了所提出的建模方法在不同场景中的适用性。现实中由于建模区域内数据分布不均、地质结构复杂多样的原因,选择适合的建模方法往往需要根据具体的地质条件和数据来源进行调整与优化。因此,书中对建模方法的讨论始终紧密结合建模场景的实际情况。与此同时,本书不仅分析了机器学习多模型集成在提升建模精度和鲁棒性方面的潜力,还全面考量了大数据时代下数据爆炸对三维地质建模带来的挑战与机遇,以实现更高效、更精确的三维地质建模方法,从而更好地应对未来复杂多变的地质建模需求。

第2章　相关数学及理论基础

基于机器学习的三维地质建模是一个融合了先进算法和技术的过程,旨在创建、分析和优化地质模型。此过程不仅结合了地质学、计算机科学和数据科学多领域的知识,还以更精准地理解地下结构和资源分布为目标,从而为地质勘探和资源管理的决策提供有力支持。本章从数据预处理与标准化方法入手,深入探讨了如何准备和调整地质数据以适应机器学习模型的需求,确保数据的高质量和一致性;随后,系统地讲解了在三维地质建模任务中常用的机器学习算法的基础理论,帮助读者全面理解这些技术在地质建模中的应用;接着,详细探讨了如何评估和优化机器学习模型的性能,以确保其可靠性和适用性,从而提升地质建模的准确性和效率;最后,探讨了三维地质模型的不确定性评估,识别和量化了模型中的潜在误差与风险,以确保模型结果的可信度。通过这些内容的深入介绍,本章为后续章节中的具体应用奠定了扎实的理论基础。

2.1　数据预处理与标准化方法

2.1.1　预处理方法

三维地质建模中的数据预处理过程包括数据的收集、结构化和重新解释。数据收集步骤主要依赖于现有资源的先验知识和书目研究[56]。旧信息通常只以非数字化或非结构化的形式存在,因此必须对其进行结构化、编码或数字化,然后将其定位在参考空间坐标系中[56]。最后,必须在一致的地质解释框架中对旧信息进行重新解释[56]。

1. DEM 数据

DEM 数据是表达地表形态信息的 2.5 维规则格网数据,通常与地质图相结合生成三维地质图以表达三维地表形态,也常用于校正其他地质数据的地表高程信息。对于通过卫星数据、航空测量或地面测量等获得的 DEM 数据需要考虑影响数据质量的因素,并做进一步处理。

首先，需要进行数据清洗，即处理数据中的异常值和噪声，如去除由于测量误差或其他原因产生的失真数据。同时，应考虑多源数据集之间的空间分辨率、登记误差、无效像素、相对垂直差异和水平位移等因素[1]。此外，DEM 的大地基准、坐标系和格式往往不一致[57]，需要进行预处理，以协调空间分辨率或网格大小的差异。其中，一些差异包括网格单元大小和坐标的不同，可能导致 DEM 之间的差异[58]。常见的预处理操作包括垂直精度改进、空隙填充、共置、重采样以及生成高度误差图（HEM）或权重图[60]。除此之外，DEM 可以通过使用趋势面、去噪算法和空间滤波器（如自适应均值和高斯滤波器、高通滤波器）对地貌进行增强，以平滑得出高程面、混合区或过渡区[59]。最后，可以从处理好的 DEM 数据中提取关键地形特征（如山脊、谷地、水系），可以帮助识别地下结构和地貌特征。

2. 地质图数据

早期的地质图数据大多是栅格数据，是以非数字格式存储的。因此，预处理的第一步是借助 GIS 进行数字化，处理后的结果是地质图被数字化并作为点、线或多边形对象进行管理[56]。高级 GIS 允许使用二维拓扑规则创建这些边界，以确保几何一致性。

然后，同样在数据清洗部分，借助 GIS 软件可以通过去除冗余数据清除重复或不必要的图层，保持数据的简洁性和一致性，以及识别并修正地质图中的错误信息和不合理的地貌特征，如不连贯的边界线或不合理的岩性分布。为了确保地质图数据的坐标系统与其他数据（如 DEM 数据、钻探数据）一致，需要借助 GIS 转换工具统一坐标系统，可以根据实际需求调整图纸的投影方式，以确保空间位置的准确性。此外，可以通过属性提取从地质图中提取关键属性信息（如岩性、层位、构造特征等），形成结构化数据以及识别重要地质特征（如断层、褶皱、矿脉等），这些特征对三维模型构建至关重要。最后，可以根据边界建立地质范围。

3. 钻孔数据

钻孔数据是指在地质勘探、石油开采、矿山开采等过程中，通过钻探设备在地面上或地下钻取孔洞，并对孔洞中的岩石、土壤、矿石等物质进行采样、测量和记录所获得的一系列数据。这些数据通常包含勘探点的平面坐标、高程、各地层分界点的深度和地层类别等信息。但由于钻孔数据在空间上是离散、稀疏且分布不均匀的三维数据，故在对地层进行插值生成界面前需要对钻孔数据进行预处理。

(1) 数据提取：通过地质数据管理系统、GIS 软件或专门的钻孔数据处理工具对数据进行提取和整理。提取的数据包括钻孔位置信息（钻孔编号、横坐标、纵坐标、钻孔标高和钻孔深度）、地层划分信息（钻孔编号、地层名称、层顶深和层底深）以及土层岩层信息（钻孔编号、岩土层描述、层顶深和层底深）[60]。这些数据将用于后续的三维地层建模过程。

(2) 标准化处理：单个钻孔只能提供有限的地下信息，通常只能覆盖钻孔周围的一小部分区域[61]。而不同的钻孔数据可能在量级上存在显著差异，如坐标值的大小不一致，需要对数据进行标准化处理，消除量级差异对建模结果的影响。

(3) 重采样：通过重采样可以将原始钻孔数据转化为一系列具有空间位置和地层属性的点数据[44]。

4. 地质剖面数据

地层剖面数据是指通过对地表或地下进行地质剖面测量和分析,从而获得的关于地层顺序、厚度、岩性、化石、年代等方面的详细信息。地质剖面图是地质剖面数据的图形化展示,它将数据以直观的方式呈现。地质剖面图常常用于配合地形地质图了解地质的全貌,为地下资源的开发利用和地质项目的管理提供科学依据。地质剖面预处理流程如下。

(1)图片标准化:统一地质剖面图为 jpg 格式,并去除图像中的所有文字内容,以解决图片格式在计算机中的兼容性问题。

(2)二值化:对图像进行二值化处理。二值化处理是一种图像处理方法,它将图像像素值限定为两个离散值(通常为 0 和 25),从而将图像转换为仅包含黑色和白色两种颜色的形式。这种处理方式可以有效突出地质剖面图中的边缘和轮廓信息,从而更全面地保留图像中的地质数据[62]。

(3)图像细化:计算出单个像素在实际中代表的距离和深度,即把图像上的像素单位转换为实际的地质距离单位(如米)。

(4)计算点坐标:在每一条地层界线上等间隔地选取数据点,根据剖面图的行列号和起始点的坐标,计算出这些选取的数据点在实际环境中的坐标和高程[63],最后与点的行列号相结合即可得到三维空间点数据。

5. 物探解译数据

地球物理探测是一种重要的地质勘探方法,通过分析地球物理属性的数值分布,可以得到地下空间地质结构与资源的分布信息。常利用其解译成果刻画地质体的形态、产状、规模大小等几何信息,在其他地质成果的基础上补充深部地质信息。结合地质先验模型进行地质反演多用于储层建模中。在地球物理探测过程中,环境因素和仪器误差等因素不可避免地会影响数据质量,导致数据出现噪声和异常值。因此,解译后的数据在用于构建地质模型之前,必须经过一系列的预处理操作,以确保数据的准确性和可靠性。这些预处理步骤对于提高地质模型的质量至关重要。

(1)数据清洗:对初始解译数据进行分析,识别并去除数据中的噪声和异常值,以保证数据的可靠性和准确性,便于后续处理得到有价值的信息。

(2)特征提取:物探解译数据中的变化趋势反映了地质构造的空间变化,应用地球物理学方法,如傅里叶变化、小波变化等,识别出潜在的地质结构特征,如断层、地质边界、地质资源分布等。这些特征信息能够为模型的构建提供参考。

(3)结构化处理:经解译后的物探数据通常为连续分布的场数据,而应用于机器学习中的数据应为结构化的多维数组格式。因此,需要将解译后的数据进行重塑,确保结构化的数据格式,并保留地质信息的完整性。在机器学习的建模方法中常把物理探测数据离散成地质空间中的三维点,获取具有空间位置的物理特征点以输入到模型中进行训练。

6. 构造纲要图

构造纲要图是用不同的线条、符号、色调来表示一个地区主要构造特征的图件。在地质构造比较复杂的矿区或矿井,为了集中而又清晰地反映各种构造的展布特点,分析区内构造的成因机理、研究其规律性,常编制具有综合性内容的地质构造纲要图。构造纲要图主要包括断层、褶皱等构造信息,能够直观地反映含复杂地质体和特殊地质现象的结构特征。在建模过程中可提供地质构造的辅助信息,并用于检验模型中地质构造的准确性。

为了使不同来源且具有不同分辨率的构造纲要图适应真实的建模任务,常用的处理方法包括图幅拼接、空间匹配等。匹配后的数据能够更真实地反映地质构造,从而更准确地表达地质构造的分布信息。

2.1.2 标准化方法

空间标准化是指在三维地质建模过程中对模型空间坐标系统、坐标精度、数据格式以及空间数据的分辨率等进行统一规范。其主要目的是确保不同来源的地质数据能够在同一个坐标系下进行合并、对接和后续分析。空间标准化通常包括以下几个方面。

(1)坐标系统一:采用一致的坐标系(如 WGS-84、UTM 等),避免因使用不同坐标系导致的数据对接和位置误差。

(2)空间精度控制:对模型的空间分辨率进行规范,明确数据采集的精度要求,避免不同采集精度导致的模型不一致。

(3)数据格式标准:确定输入数据的格式要求(如点云数据、钻井数据等),确保不同数据源之间的兼容性。

(4)网格化标准:为适应不同软件和分析工具的需求,进行网格化(例如三维网格化或柱状网格),确保空间模型的一致性。

通过空间标准化,可以确保不同来源的地质数据(如钻孔数据、地震数据、地面观测数据等)能够有效整合并进行一致的三维建模。

地质分层标准化是指在三维地质建模过程中,对不同层次的地质体进行统一的划分、命名和标注,以确保地质模型中的分层结构准确、清晰并具有一致性。具体来说,地质分层标准化包括以下几个方面。

(1)地质层界定标准:对不同地质层的划分标准进行规范,如根据岩性、岩相、沉积环境等因素明确分层界限,避免因解释不同或数据差异造成地质层划分的不一致。

(2)分层命名规范:为不同的地质层、单元、断层等实体制订标准化的命名规则,避免不同建模人员或团队使用不统一的术语,影响数据的共享和解读。

(3)层位关系定义:明确地质层位之间的相互关系,如层与层之间的接触面、厚度变化、倾斜角度等,确保模型的地质结构具有物理和地质意义。

(4)沉积序列标准化:对于沉积盆地模型或矿床模型,需要统一沉积顺序和地质年代的划分标准,保证模型在时间和空间上的一致性。

图文资料标准化是指对用于建模的各类图纸、文档和图像资料进行统一规范,以确保不同来源的数据能够有效整合、准确传递和清晰表达。图文资料的标准化不仅有助于提高建模过程的效率,还能确保模型结果的正确解读和应用。具体内容包括以下几个方面。

(1)图纸格式统一:对地质图、剖面图、钻孔柱状图、地层分布图等常见图纸的格式进行标准化规定。这包括图纸的尺寸、比例、符号、注释规范等,确保不同建模人员和团队之间使用统一标准,避免因格式不一致导致的误解。

(2)图例和符号规范:为地质图纸中的各种地质特征(如岩性、构造面、断层、褶皱等)制订标准化的符号和图例,并确保在不同图纸和报告中使用统一的表示方式。这可以帮助不同人员和团队理解相同的地质现象或数据,避免符号和标注的不一致带来的歧义。

(3)文档格式标准:对涉及建模过程的报告、说明文档、数据表格等文本资料的格式进行统一规范,明确报告的结构、内容、图表的展示方式等,确保各类文档在逻辑性、清晰性和可读性上的一致性。这样有助于提高报告撰写和数据传递的效率,并确保技术人员和决策者能快速理解与使用报告中的内容。

(4)数据图表和图像的标准化:在地质建模中,除了传统的地图和剖面图外,还会使用各种图表和图像(如三维视图、钻孔数据图等)来辅助展示建模结果。对这些图表和图像的格式、色彩、字体、标注等方面进行规范,以便确保信息传递的清晰性和一致性。

(5)数据标注与注释一致性:在建模过程中,往往需要对模型中的某些关键特征进行标注和注释。标准化这些注释的格式和表达方式,使得标注风格、文字描述和术语可以保持一致,从而避免不同人员对同一数据的不同解读。

(6)报告和文档的版本控制:对于建模过程中的各类图文资料,要有明确的版本控制机制。确保所有团队成员使用最新的文档和数据,避免因版本不一致导致的误差或冲突。

通过对图文资料的标准化,能够有效避免因图纸、报告格式不统一而导致的数据理解偏差。标准化的图文资料不仅提高了模型构建的效率,还保证了模型结果的准确性、透明性和可追溯性,为地质勘探、资源评估等工作提供了可靠的支持。

2.2 机器学习算法基础

机器学习是人工智能及模式识别领域的共同研究热点,其理论和方法已被广泛应用于解决工程应用和科学领域的复杂问题。在地质建模领域,随着数据采集技术的不断进步,生成高质量的三维地质模型已成为一种迫切需求。机器学习作为一种强大的数据分析工具,能够有效地处理和解析复杂的地质数据,从而提高建模的精度和效率。通过应用多种机器学习算法,如决策树、支持向量机和深度学习等,研究人员能够在海量地质数据中提取有价值的信息,实现对地下结构的精确重建。本章将系统介绍几种常见的机器学习算法。

2.2.1 支持向量机(Support Vector Machine,SVM)

SVM为美国学者Vapnik在20世纪60年代末提出,是一种对多维特征向量进行二分分类的监督方法[64-65],近几年来受到广大学者重视,并成为数据驱动领域中有前途的估计方法。SVM的主要思想是:将所有的样本点整理到一个超平面上,以样本点离超平面的距离最小为目标,寻找最优的回归超平面。最初,它是作为一种线性分类方法发展起来的,后来推广到非线性分类器,最后被扩展到回归问题[66]。

SVM的基本思想是找到一个最佳的超平面,将不同类别的数据点分开,如图2.1所示。实心点和空心点分别代表两类数据样本。H代表分类超平面,可以用式(2-1)表示。

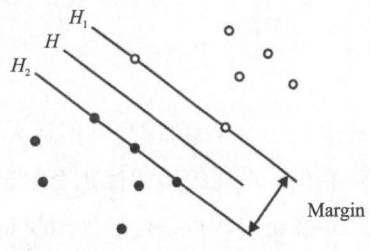

图2.1 支持向量机原理图

$$H: w * x + b = 0 \tag{2-1}$$

式中:w是超平面的法向量,决定了超平面的方向;b是偏置项,调整超平面与原点的距离。

H_1和H_2分别代表数据样本中离H最近且平行于H的面,H_1和H_2之间的距离称为分类间隔,间隔是指超平面到最近支持向量的距离。我们希望最大化这个间隔,以提高模型的泛化能力。故间隔的计算为

$$\text{Margin} = \frac{2}{\|w\|} \tag{2-2}$$

最大化间隔等价于最小化$\|w\|^2$的问题。目标函数可以表示为

$$\min \frac{1}{2} \|w\|^2 \tag{2-3}$$

H面不但能将H_1和H_2这两类样本正确分开,而且使H_1和H_2之间的分类距离最大,在确保结构风险最小化的情况下,真正地降低了风险。H_1和H_2上的数据样本点就叫支持向量,即那些在超平面两侧、距离超平面最近的样本点。它们对模型的构建至关重要,因为只有这些点影响最终的超平面位置。

为了确保每个样本都被正确分类,在计算过程中还必须满足一些约束条件,即

$$y_i(w * x_i + b) \geq 1 \tag{2-4}$$

这里,y_i是样本x_i的标签,取值为+1或-1。这个约束确保了正类样本位于超平面的一侧,而负类样本位于另一侧。

此外,在计算过程中将引入拉格朗日乘子把约束条件整合进目标函数,通过求解这个拉格朗日函数的最优条件,得到卡罗需-库恩-塔克(Karush-Kuhn-Tucker,KKT)条件,并求解w和b。对于非线性可分的数据,SVM通过核函数将数据映射到高维空间。

具体来说,假设给定一个训练数据集$\{x_n\}_{n=1}^N$,有N个样本。其中,$x \in R^L$,是L个输入特征的向量,对应的已知输出特征$\{y_n\}_{n=1}^N$,令$y_n \in \{-1,1\}$,则SVM回归模型定义为

$$f(x) = w^{\mathrm{T}}\phi(x) + b \tag{2-5}$$

式中：$\phi: x \to \phi(x) \in R^H$ 是任意将输入数据映射到 $H \geqslant l$ 的高维特征空间的非线性函数。最初，假设特征是线性可分的，这个函数被简单地定义为 $\phi(x) = x$。模型的未知参数为与超平面法向的权向量 w 和超平面偏置 b。

然后，定义了 SVM 回归模型，通过允许误分类误差来处理不可分特征。因此，上述模型受到以下约束，即

$$y_n - f(x_n) \leqslant \xi_n + \varepsilon \tag{2-6}$$

$$f(x_n) - y_n \leqslant \xi_n^* + \varepsilon \tag{2-7}$$

$$\varepsilon, \xi_n, \xi_n^* \geqslant 0, \forall n \tag{2-8}$$

式中：ε 为灵敏度，即允许的最大误分类误差；$\{\xi_n, \xi_n^*\}_{n=1}^N = 1$ 为量化输出特征偏离正负类的松弛变量。先前模型的优化受制于软边界约束，定义了一个超平面，将训练数据与最大边界分开。优化问题可以通过使用拉格朗日乘数法来解决，随后可以得到下一个成本函数，如下

$$\mathcal{L}(\{a_n, a_n^*\}_{n=1}^N) = -\frac{1}{2} \sum_{i,j=1}^N (a_i - a_i^*)(a_j - a_j^*) K(x_i, x_j) - \varepsilon \sum_{i=1}^N (a_i + a_i^*) + \sum_{i=1}^N (a_i - a_i^*) y_i \tag{2-9}$$

$$K(x_i, x_j) \cdot = \langle \phi(x_i) | \phi(x_j) \rangle \tag{2-10}$$

式中：$\{a_n, a_n^*\}_{n=1}^N$ 为拉格朗日乘子；$K(x_i, x_j)$ 定义为变换后的输入特征向量的内积。

通过引入核符号，大大简化了这个代价函数的优化。支持向量机方法直接将核定义为输入特征向量的函数，而不是设计映射函数，然后对数据进行变换，然后再计算内积。SVM 应用中通常考虑的一些核函数如下

$$K_{\text{linear}}(x, x') = x, x' \tag{2-11}$$

$$K_{\text{polynomial}} = (\gamma x x' + r)^p \tag{2-12}$$

$$K_{\text{RBF}}(x, x') = \exp(-\gamma \| x - x' \|^2) \tag{2-13}$$

$$K_{\text{sigmoid}}(x, x') = \tanh(\gamma x x' + r) \tag{2-14}$$

一旦我们通过最大化上面定义的成本函数来估计 $\{\hat{a}_n, \hat{a}_n^*\}_{n=1}^N$，边际可以推断为

$$\hat{w} = \sum_{n=1}^N (\hat{a}_n - \hat{a}_n^*) \phi(x_n) \tag{2-15}$$

如 $f(x)$ 可直接估计为

$$\hat{f}(x) = \sum_{n=1}^N (\hat{a}_n - \hat{a}_n^*) K(x_i, x) + \hat{b} \tag{2-16}$$

其中，$\hat{b}$ 的计算可以通过预处理和集中数据方便地放弃，迫使偏差为零。

SVM 作为一种强大的监督学习算法，以其独特的理论基础和高效的分类能力，在众多领域中得到了广泛应用。通过寻找最佳的超平面和最大化间隔，SVM 不仅能够处理线性可分的问题，还能通过核函数处理复杂的非线性数据。尽管其计算复杂度在大规模数据集上可能较高，但在高维空间中 SVM 表现出色。

2.2.2 决策树(Decision Tree,DT)

DT 是一种既可用于分类问题,也可用于回归问题的机器学习算法,它的概念最早可以追溯到 20 世纪 60 年代。随着机器学习和数据挖掘技术的发展,DT 算法逐渐演变成多种形式。这些算法在处理不同类型的数据时引入了不同的特征选择标准和剪枝技术,提升了性能和泛化能力。

DT 是一种近似离散值目标函数的技术,它以树的形式表示所学函数。DT 的核心思想是根据特征值将实例从根节点排序到叶节点,从而对实例进行分类。每个节点代表实例属性的某些测试条件,而每个分支则代表该特征的可能值。实例分类从称为决策节点的根节点开始,根据根节点的值,树沿着与特征测试输出值相对应的边向下移动,这一过程在上一条边末端以新节点为首的子树上继续进行;最后,叶子节点表示分类类别或最终决定。DT 可以大致分为两类树:分类树(Classification Tree,CT)和回归树(Regression Tree,RT)。

构建 DT 的过程首先涉及选择最佳的分裂测量向量,这个过程通过将父节点(根节点)拆分为多个子节点来实现,目的是使得子节点的"纯度"比父节点更高。纯度指的是节点中同一类别样本所占的比例,节点越纯,包含的样本类别越一致。

在每一个节点,我们需要寻找一个最优的分裂点。这个分裂点能够最大化提高分裂后子集的纯度,也就是说,它能够有效减少节点中的杂质。可以通过以下公式来计算分裂后的杂质减少量,即

$$\Delta i(s,t) = i(t) - P_L i(t_L) - P_R i(t_R) \tag{2-17}$$

式中:s 是表示在节点 t 处的候选分裂;节点 t 被 s 分成左子节点 t_L 和右子节点 t_R,分别占 P_L 和 P_R 的比例;$i(t)$ 是分裂前的杂质量;$i(t_L)$ 和 $i(t_R)$ 是分裂后的杂质量;$\Delta i(s,t)$ 是分裂 s 后杂质量的减少量。

此外,为了测量杂质的近似值以及决定哪个属性是每个节点级别的最佳分类器,需要计算每个节点的杂质值。常用的杂质度量包括信息增益、基尼指数和熵等统计量,可以计算出该节点的价值。这里主要介绍信息增益和基尼指数的计算公式,信息增益是通过衡量某特征划分数据后信息的不确定性减少量。计算公式为

$$IG(D,A) = H(D) - H(D|A) \tag{2-18}$$

$$H(D) = -\sum_{i=1}^{c} p_i \log_2(p_i) \tag{2-19}$$

式中:$IG(D,A)$ 是特征 A 对数据集 D 的信息增益;$H(D)$ 是数据集 D 的熵;$H(D|A)$ 是在特征 A 条件下数据集的条件熵;p_i 是类 i 在数据集中的比例;c 是类别数。

基尼指数是用于衡量不纯度,$Gini(D)$ 越小表示数据越纯。计算公式为

$$Gini(D) = 1 - \sum_{i=1}^{c} (p_i)^2 \tag{2-20}$$

在构建 DT 的过程中,选择最佳特征后,根据该特征的不同取值将数据集划分为多个子

集,并对每个子集递归执行这一过程,直到满足特定的停止条件,如所有样本属于同一类别、达到预设的树深度或特征用尽。为了避免过拟合,构建完整的DT通常需要进行剪枝。常用的剪枝策略包括:①预剪枝,即在树生成过程中设置停止条件以限制树的深度或节点的最小样本数;②后剪枝,先生成完整的树后再从底部向上检查各节点,决定是否删除某些分支以提高模型的泛化能力。DT的性能评估通常通过准确率(正确分类的样本数与总样本数之比)、精确率和召回率来进行,后两者尤其在类别不平衡的情况下显得重要。DT的优点在于其可解释性强,结构清晰,易于理解,并能够处理混合数据类型以及容忍部分缺失值,增强模型的鲁棒性。然而,DT也存在缺点,如容易对训练数据过拟合(尤其是树深度较大时),对噪声和异常值敏感,以及小的变化可能导致完全不同的树结构,从而导致模型的不稳定性。

2.2.3 K最近邻(K-nearest Neighbor, KNN)

KNN是一种通过在训练集中找到一组与测试对象最接近的k个对象,并根据特定类别在该邻域中的主导地位来分配标签的算法[67-68]。该算法可以解决在许多数据集中,一个对象不可能与另一个对象完全匹配,而且最接近该对象的对象可能会提供与该对象类别相冲突的信息的问题。

在学习KNN算法的过程中我们通常比较关注以下几点:①用于评估测试对象类别的标注对象集;②可用于计算对象接近程度的距离或相似度量;③k值,即最近邻居的数量;④根据k个最近邻居的类别和距离确定目标对象类别的方法。由于其简单性,KNN很容易修改以解决更复杂的分类问题。例如KNN特别适合于多模态类以及一个对象可以有许多类标签的应用程序。

在KNN算法中选取距离度量是一个重要因素,通常使用欧几里得或曼哈顿距离测量。对于有n个属性的两个点x和y,这些距离由以下公式给出

$$d(x,y) = \sqrt{\sum_{k=1}^{n}(x_k - y_k)^2} \qquad (2-21)$$

$$d(x,y) = \sum_{i=1}^{n}|x_i - y_i| \qquad (2-22)$$

式中:x和y分别表示在n维空间中的两个点(或向量),每个点都有n个属性(或分量),例如在二维空间中点x可以表示为(x_1,x_2),点y表示为(y_1,y_2);x_k和y_k分别表示点x和点y在第k维上的分量,例如:x_1是点x在第一维的值,x_2是在第二维的值,依此类推;n表示空间的维度,在二维空间中$n=2$,在三维空间中$n=3$,而在更高维度的空间中n可能更大;$(x_k - y_k)^2$表示第k维上两个点的差的平方,这个平方是为了确保距离是正值,并且更大的差异会对距离的计算产生更大的影响。

虽然这些距离度量(如欧几里得距离和曼哈顿距离)以及其他各种度量方法可以用来计算两点之间的距离,但从概念上讲,最理想的距离度量应该满足以下条件:两个对象之间的距离越小,意味着它们属于相同类别的可能性越大。因此,在实际应用中,选择距离度量需要根

据数据的特性和任务的需求进行调整。此外,一些距离度量也会受到数据高维的影响,特别是随着属性数量的增加,欧几里得距离度量变得不那么好区分。因此,必须缩放属性,来防止距离度量被其中一个属性控制。

2.2.4 随机森林(Random Forest,RF)

RF 是一种强大的集成学习算法,通过结合多个 DT 来对训练数据集中的现象进行重复预测。在这一算法中,DT 作为基础分类器,构成了"森林"。每棵树是基于不同的训练子集生成的,利用根节点的迭代分割来逐步形成二进制叶节点。这一数据分割过程在每个内部节点进行,直到满足预先设定的停止条件[69-70]。RF 算法通过遍历所有分叉,寻找最优节点,从而最大限度地提高了 DT 的纯度。纯度是衡量从输入数据集中随机选择的样本在按照子集标签分布随机贴标签时的正确贴标频率。

为了计算叶节点相对于根节点的信息纯度,常用的指标是基尼指数。通过这种方式,RF 能够有效地捕捉复杂数据中的模式,提高分类和回归任务的性能。采用基尼指数[$I_G(f)$]来计算叶节点相对于根节点的信息纯度的公式[为式(2-20)的应用时变体]为

$$I_G(f) = \sum_{i=1}^{n} f_i(1-f_i) \qquad (2-23)$$

$$f_i = \frac{m_j}{m} \qquad (2-24)$$

式中:f_i 为第 i 类在节点 n 处出现的概率;m_j 为属于 j 类的样本个数;m 为特定节点的样本总数。

RF 的最终预测输出取决于 DT 的所有预测的多数投票。

为了避免不同树之间的相关性,RF 采用了一种名为 Bagging 的过程,使得每棵树从不同的训练数据子集中生长,从而增加了模型的多样性。Bagging 是一种通过对原始数据集进行有放回的随机重新采样来创建训练数据的技术,这意味着在生成下一个子集时并不删除已选择的数据。因此,某些数据可能在训练中被多次使用,而其他数据则可能完全不被使用,从而实现了更高的稳定性。这种方法提高了模型在面对输入数据微小变化时的鲁棒性,同时也提升了预测精度。

此外,在 Bagging 过程中,未被选中用于第 k 棵树训练的样本会被纳入一个出袋(Out-of-Bag,OOB)子集中,这些 OOB 样本可以被第 k 棵树用于性能评估。通过这种方式,RF 能够在不依赖外部验证数据集的情况下,计算出泛化误差的无偏估计。随着树的数量增加,泛化误差会逐渐收敛,因此 RF 不容易发生过拟合。此外,RF 还提供了对不同特征相对重要性的评估,这在数据维度极高的多源研究中尤为重要,因为了解每个特征对预测模型的影响能够帮助选择最佳的证据特征。

2.2.5 人工神经网络(Artificial Neural Network, ANN)

ANN是一种受生物神经系统启发，模拟人脑模式识别能力的建模方法，如图2.2所示。在神经网络中，单元被放置为层，并以信息单向流动的方式连接，从输入单元到通过位于隐藏层/层上的单元再到输出层上的单元[71-72]。与大脑一样，人工神经网络的基本处理元素是神经元，并通过使用激活函数来实现。

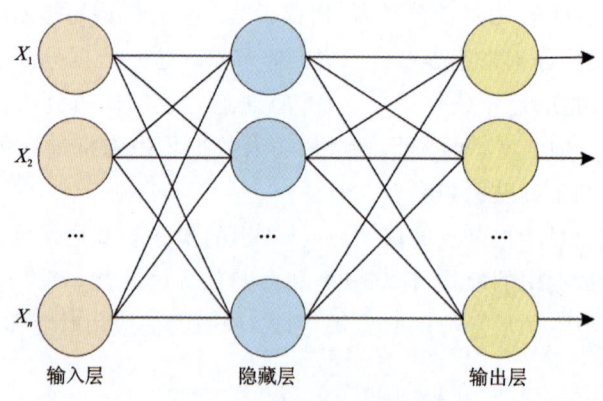

图2.2 人工神经网络图

ANN具有典型的多层配置，由输入层、一个或多个隐藏层和输出层组成。最常用的神经网络是前馈网络，在这种神经网络中，不同层的神经元彼此间是完全互联的，但信息是从输入层开始，经过隐藏层到达输出层是单向的[72]。通过对不同神经元的连接赋予初始化的权重来进行信息传播，其公式为

$$y_i = f\left(\sum_i w_{ji} x_i + b_j\right) \tag{2-25}$$

式中：w_{ji}为连接前一层神经元i与神经元j的权值；b_j为神经元j的偏置项；f为激活函数。

可利用反向传播过程增强神经网络的学习能力。该过程计算预测值与真实目标值之间的输出误差，并将其反馈给ANN，然后ANN对网络中的权重和偏差进行调整，目的是找到一组权重，以确保对于每个输入向量，网络的结果向量与期望的输出向量相同或足够接近。其中，权重更新的程度由学习率控制。这样的反向传播过程重复进行，直到达到预先指定的精度或达到最大迭代次数。

2.2.6 多层感知器(Multilayer Perceptron, MLP)

最著名的ANN架构之一是MLP。MLP结构可以看作是对Rosenblatt感知器的概括，它是一种使用Heaviside激活函数的人工神经元模型。MLP可以在紧化空间中以任意精度逼近任何具有定义输入的连续、有界、可微的非线性函数。这可以通过基函数的加性组合来

实现,对于 MLP 来说基函数是脊函数。然而,这个定理并没有规定需要多少人工神经元,也没有定义任何调整权重值的方法,以保证网络的最优配置。

MLP 将神经元组织成若干层,每层由平行排列的神经元组成。给定层中的神经元彼此之间不进行通信,只将其输出信号向前发送,这被称为前馈结构。MLP 包含一个输入层、一个或多个隐藏层和一个输出层。图 2.3 显示了一个可能的 MLP 结构示例,其中一个隐藏层具有 d 维输入变量和一个输出变量。由于神经元是分层组织的,在符号表示中使用上标数字来识别它们所在的层。

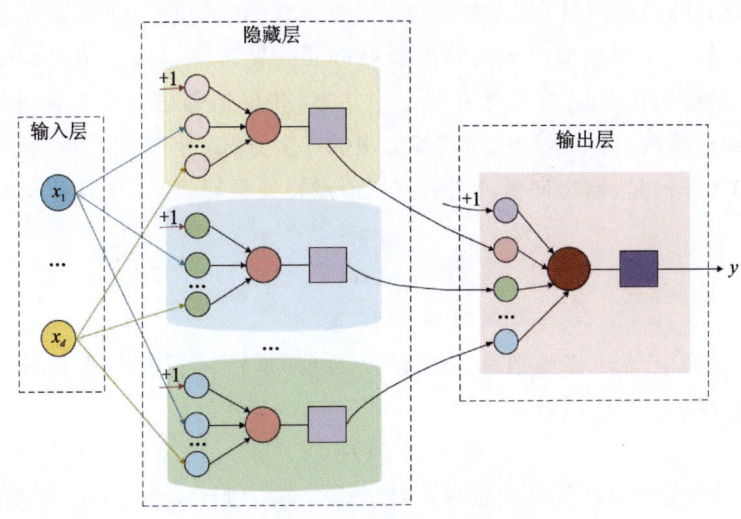

图 2.3 MLP 示例图

第一层($l=0$)是输入层,其神经元接收问题的输入变量。这一层的每个神经元都是特殊的神经元,将给定的输入特征值馈送给隐藏层的节点,即 $\hat{y}_j^{(l=0)} = x_j$。隐藏层($0<l<L$)和输出层($l=L$)中的神经元接收前一层神经元的输出作为输入。最后的输出层神经元产生问题的输出变量值。

在处理回归或二元分类问题时,通常使用单个输出节点。在处理多类分类问题时,使用一个输出节点来对应每个类。在 MLP 的训练过程完成后,在处理分类问题时,通过将输出节点给出的数值映射到类中来进行预测。特别地,Sigmoid 逻辑激活通常用于二进制分类问题的输出节点。如果输出值大于 0.5,则可以预测给定的类;如果输出值小于等于 0.5,则可以预测另一类。

2.2.7 图神经网络(Graph Neural Network,GNN)

GNN 是一种专门处理非欧几里得空间数据的深度学习技术,成功地将深度学习方法引入了图学习领域。GNN 以其独特的连接模型,通过网络中节点之间的信息传递来捕捉图中的依存关系。GNN 通过从节点任意深度的邻居节点获取信息以更新该节点的状态,使得该状态能够表示节点的信息和环境。基于 GNN 的隐式地质构造建模方法能够将所有相关的地质变量编码整合到图结构中,并通过逐层卷积操作生成一个地质构造标量场[73]。

GNN 的本质是生成图节点间关系的表征,并根据某种分布关系来推断整体的空间分布。GNN 的目标是为每个节点学习一个状态嵌入向量,这个向量包含该节点及其邻居节点的信息,可以用于产生输出向量。节点 v 状态向量 h_v 和输出向量 o_v 的表示形式为

$$h_v = f(x_v, x_{co[v]}, h_{ne[v]}, x_{ne[v]}) \tag{2-26}$$

$$o_v = g(h_v, x_v) \tag{2-27}$$

式中:x_v 表示节点 v 的特征向量;$x_{co[v]}$ 表示与节点 v 关联的边的特征向量;$h_{ne[v]}$ 表示节点 v 的邻居节点状态向量;$x_{ne[v]}$ 表示节点 v 的邻居节点特征向量;$f(x_v, x_{co[v]}, h_{ne[v]}, x_{ne[v]})$ 是带有参数的函数,叫转移函数,这个函数在所有节点中共享,并根据邻居节点的输入来更新节点状态;$g(h_v, x_v)$ 为输出函数,这个函数用于描述输出的产生方式。

假设所有的状态向量、输出向量、特征向量、节点特征叠加起来,分别用 H、O、X、X_N 表示,则可以得到

$$H = F(H, X) \tag{2-28}$$

$$O = G(H, X_N) \tag{2-29}$$

式中:F 和 G 分别为全局转移函数和全局输出函数,是针对所有节点的堆叠版本。根据 Banach 不动点定理,GNN 使用传统迭代方式计算参数,公式为

$$H^{t+1} = F(H^t, X) \tag{2-30}$$

式中:H^t 表示 H 的第 t 个迭代周期的张量。对于任意初始值 H_0,上述公式都能快速计算得到固定解。

然而,对不动点使用迭代方法来更新节点的隐藏状态效率并不高。原始的 GNN 在迭代过程中采用相同的参数,而其他一些较为著名的模型则在不同的网络层使用不同的参数进行分层特征提取,从而使模型能够学习到更深层次的特征表达。此外,节点隐藏层的更新采用顺序流程,可以通过循环神经网络(RNN)内核,如门控循环单元(GRU)和长短期记忆(LSTM),进行进一步优化。然而,一些边缘可能存在未被有效考虑的信息特征。例如在知识图谱中,边缘具有不同的关系类型,消息传播的方式应根据边的类型进行调整。此外,如何学习边的隐藏状态也是一个亟待解决的重要问题。最后,如果目标是学习节点的向量表示而非图的整体表示,那么使用固定点方法可能并不适合,因为固定点中的表示分布会非常平滑,从而导致在区分每个节点信息时效果较差。

2.2.8 增强学习(Boosting)

Boosting 起始于一个问题,即是否可以将用于分类的弱学习工具转变为强学习工具[74]。在二元分类中,弱学习器是指分类正确率至少略高于随机猜测,即准确率大于 50%;而强学习器则应能训练出近乎完美的分类结果,如 99% 的准确率。这个理论问题具有很强的现实意义,因为构建一个弱学习器通常很容易,但要获得一个强学习器却很困难。但是,任何弱基础

学习器都可以通过迭代改进成为强学习器,这为"增强"概念的提出奠定了基础。

"增强"这一概念来自监督学习领域,这是一种基于带有观察结果的标记数据算法的自动学习,以便对未标记的未来或未观察到的数据做出有效预测。监督学习是机器学习的一个分支学科,它还包括基于未标记数据的无监督学习和半监督学习,半监督学习是监督学习和无监督学习的结合。监督学习机通常会产生一个一般化函数$\hat{h}(\cdot)$,该函数为分类问题提供了解决方案。分类的主要目标是将对象分类为一组预定义的类。对于本节的其余部分,将考虑最常见的分类问题,其中结果变量Y有两个类,编码为$\{-1,1\}$。这种编码不同于标准的$\{0,1\}$编码,标准编码通常用于统计二分类结果。

机器应该从训练样本$(y_1,x_1),(y_2,x_2),\cdots,(y_n,x_n)$中学习如何根据已知的类标签来预测新观测的类别$x_{\text{new}}$。预测因子$x_1,x_2,\cdots,x_n$是特征向量$\boldsymbol{X}$的实现,$n$是样本量。机器的任务是制订一个预测规则$h(\cdot)$,以正确分类一个新的观测值,公式为

$$(y_1,x_1),\cdots,(y_n,x_n) \rightarrow \hat{h}(x_{\text{new}}) = \hat{y}_{\text{new}} \tag{2-31}$$

Boosting算法要求基学习器能对待定的数据进行学习,这可通过重赋权法实施。在训练样本的过程中,根据样本分布为每个训练样本重新赋予一个权重。对无法接受带权样本的机器学习算法,则可通过重采样方法来处理,即在每一轮学习中,根据样本的分布重新对训练集进行采样,再用重采样获得的样本集对基学习器进行训练。一般而言,上述两种做法之间没有显著差异。

需要注意的是,Boosting算法在训练的每一轮都要检查当前的基学习器是否满足条件,一旦条件不满足,则当前的基学习器即被抛弃且学习过程停止。从偏差-方差分解角度看,Boosting主要关注降低偏差,因此能基于泛化性能力相对较弱的基学习器构建出很强的集成。

2.2.9 堆叠方法(Stacking)

Stacking是机器学习中的一种集成学习技术。对于单个模型而言,拟合复杂数据常显得艰难,并且抗干扰能力较低。而Stacking方法通过结合多个模型的优缺点,从而提高模型整体的泛化能力。集成学习通常有Boosting和Bagging两种主要方式。Boosting架构是通过基学习器的串行组合来构建强学习器,而Bagging架构则是通过构建多个独立的模型,并通过选举或加权的方式来形成强学习器。Stacking则是一种结合了Boosting和Bagging优势的方法。

Stacking是一种新型的建模方法,它通过将多个模型对原数据进行拟合并将它们的预测结果堆叠起来。首先,多个基学习器对原始数据进行训练,每个基学习器会生成一组预测输出。然后,将这些基学习器的预测结果按列堆叠,形成一个(m,p)维的新的数据集,其中该数据集的维度为x,其中m表示样本数,p表示基学习器的数量。最后,这个新的数据集会被送入第二层模型进行拟合。

在现阶段的研究中，单个分类器的机器学习模型通常具有一定的局限性，为了提高机器学习模型的性能，一种常用的方法是使用多个机器学习模型组成的集成模型。堆叠方法旨在找到合并各个机器学习模型的最佳方式，并在偏差和方差之间实现最优权衡。通过将多个弱学习器组合成一个更强的模型，可以显著提高估计精度。

Stacking 算法一般包括两层结构：第一层包含多个基分类器，第二层学习器被称为元分类器。元分类器将第一层中不同基分类器的预测结果作为输入进行训练，然后输出最终预测结果。这样的结构使得第二层元分类器可以校正第一层基分类器的误差，防止局部误差的累积。Stacking 的原理如图 2.4 所示。

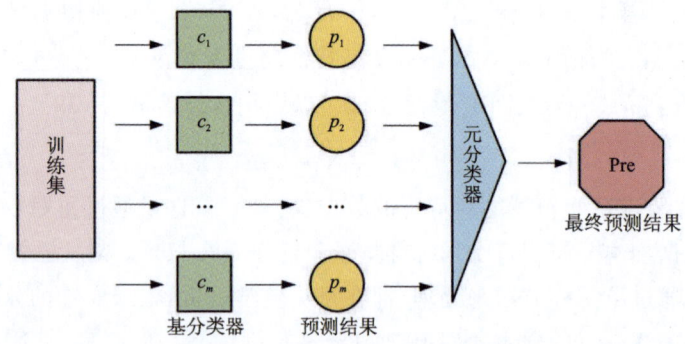

图 2.4　Stacking 模型原理示意图

Stacking 的结构本身极为复杂（在图 2.4 中已隐去每个模型的内部结构），在实际应用中确保模型的合理性并防止过拟合是一个关键问题，因此需要逐步分析每个模型的训练过程。第一层模型通常包括 XGBoost、LightGBM、RF、GBDT 等强模型。选择强模型的原因主要有以下几点：首先，使用弱模型会显著影响整体性能，导致准确率降低；其次，Stacking 旨在通过利用不同模型的优势来提高预测效果，不同强模型对同一数据的多样性处理有助于从多个角度进行学习。因此，第一层模型的选择应确保高准确性与结构的多样性。在实施 Stacking 时，需要注意以下几点。

（1）数据集的规模必须足够大，以保证训练的有效性。在小数据集上，Stacking 的效果往往不佳。例如若数据集仅有 200 个样本，分为训练集和测试集后，每个折叠层可能仅有 20 个数据，从而导致最终效果无法保证。

（2）第一层模型的数量应适当增加，因为这将直接影响第二层模型的训练效果。Stacking 的关键在于将第一层模型的输出整合为第二层模型的输入，因此第一层模型的数量 N 决定了第二层模型的特征维度，若 N 仅为 1 或 2，则显然难以充分训练。

（3）在理论上，通用的 Stacking 模型已经证明其集成结果应"渐进等价"于第一层中的最优子模型，因此若 Stacking 的结果不如预期，应优先检查以上两点，以及第一层模型中是否有表现很差的模型"拖累"了整体表现。

确定第一层模型后，接下来关注第二层模型，通常称为 $\mathrm{model}(n+1)$。对于这一层的算法，有多种理解：首先，第一层可视为特征变换，第二层负责结果预测；其次，第一层生成预测，第二层进行结果筛选，或者认为第一层提供预测结果，第二层对其进行置信度评分和加权平均。不论具体理解如何,第二层的计算至关重要,因为第一层模型通常表现良好(属于强模型)。因此,第二层应采用相对简单的模型,如逻辑回归或线性回归。尽管使用简单模型并非绝对,但有助于防止整体模型的过拟合。

为了降低过拟合的风险,通常采用以下两个策略:第一,采用交叉验证的方法以避免过拟合;第二,元分类器一般采用较为简单的分类器,而元分类器的数据特征不应包含原始特征。为了在 Stacking 集成模型中取得更好的结果,必须确保基分类器是不同的,否则,使用相同分类器进行集成可能不会显著提高模型性能。

2.3 机器学习模型评估方法

在机器学习模型评价指标中,精确率、召回率、F1 分数、总体分类精度和 Kappa 系数是常见且重要的衡量标准。这些指标能够从不同角度对机器学习模型的性能进行评估,帮助研究人员和工程师全面了解模型的优劣及其在不同应用场景下的表现。以下对这些指标分别进行了详细介绍。

2.3.1 F1 分数

F1 分数(F1 score)是一种结合了精确率(precision)和召回率(recall)的指标,用于综合评估分类模型的性能。F1 分数通过平衡精确率和召回率,能够有效评估模型在分类任务中的整体表现。F1 分数的计算公式如下

$$\text{precision} = \frac{TP}{TP + FP} \tag{2-32}$$

$$\text{recall} = \frac{TP}{TP + FN} \tag{2-33}$$

$$\text{F1 score} = 2 * \frac{\text{precision} * \text{recall}}{\text{precision} + \text{recall}} \tag{2-34}$$

式中:TP(True Positive)表示正确识别的正类样本数量;FP(False Positive)表示被错误识别为正类的负类样本数量;FN(False Negative)表示被错误识别为负类的正类样本数量。

F1 分数的取值范围在 0 到 1 之间,1 表示模型在精确率和召回率两个方面都表现得非常好,而 0 则表示模型完全没有识别出正类样本或完全识别错误。在许多实际应用中,尤其是当数据集存在类别不平衡时,F1 分数提供了比单独使用精确率或召回率更全面的性能评估。通过这种方式,F1 分数避免了单一指标可能带来的偏差,例如高精确率可能伴随着低召回率,或者高召回率可能导致低精确率。

2.3.2 总体分类精度

总体分类精度(Overall Accuracy,OA)是一种衡量分类模型在整体数据集上分类准确性的常用指标,它反映了模型正确预测的样本数量占总样本数的比例。简单来说,总体分类精度告诉我们模型在所有测试样本中预测正确的比例是多少。计算公式为

$$OA = \frac{TP + TN}{TP + FN + FP + TN} \tag{2-35}$$

式中:TN(True Negative)表示正确识别的负类样本数量。总体分类精度在岩性分类预测中尤为重要,因为它能清晰地反映模型对所有样本的综合预测能力。

总体分类精度是一项直观的指标,可以快速评估模型在分类任务中的整体表现。当 OA 值较高时,意味着模型能够较为准确地预测大部分样本的类别。

2.3.3 Kappa 系数

Kappa 系数(Cohen's Kappa)是一种衡量分类模型或者观察者之间一致性和可靠性的重要统计量,常用于评估分类任务中预测结果的准确性。它通过比较观察者或模型的分类结果与随机分类的结果之间的一致性,来评估分类的可靠性。Kappa 系数的计算基于混淆矩阵,反映了观察者分类一致性与随机一致性的差距,公式为

$$Kappa = \frac{P_o - P_e}{1 - P_e} \tag{2-36}$$

$$P_o = \frac{\sum_{i=1}^{n} TP_i}{N} \tag{2-37}$$

$$P_e = \sum_{i=1}^{n} \left(\frac{\sum TP_i}{N} \times \frac{\sum FP_i}{N} \right) \tag{2-38}$$

式中:P_o 是观察一致性(Observed Agreement),即观察者之间的实际一致性,计算所有预测一致的样本比例;P_e 是期望一致性(Expected Agreement),即在随机情况下,观察者或分类器预测一致的概率,它是通过计算每个类别在总样本中的概率,并假设每个分类者可独立地随机选择类别时计算得出。

Kappa 系数的值介于 0 和 1 之间,其值范围可以反映模型的一致性程度,通常分为 5 个级别:①0～0.20 表示分类一致性差;②0.21～0.40 表示分类一致性一般;③0.41～0.60 表示分类一致性中等;④0.61～0.80 表示分类高度一致;⑤0.81～1.00 表示分类几乎完全一致。与单纯的准确度(Accuracy)不同,Kappa 系数考虑了分类结果的随机性,因此能够更加准确

地评估分类模型的实际性能。尤其在类别不平衡的情况下，Kappa 系数比单纯的准确度更能反映分类模型的真实表现。

2.4 地质模型不确定性评估方法

上述机器学习的评价指标常用于评估模型的预测性能，可指导模型的改进，然而在三维地质建模中，数据的稀疏和不精确性以及研究者对地质知识理解的不足[75]会导致建模过程充满不确定性，这直接影响了模型的质量控制和评价[76]。为了有效量化和管理这种不确定性，研究者们普遍采用信息熵（Information Entropy）来表达地下单元被正确分类的可能性[77]。信息熵是由 Shannon 提出的对随机变量离散度的统计度量[78]，所以也称为香农熵（Shannon Entropy），是一种用于量化不确定性的指标。信息熵 $H[X]$ 的公式定义为

$$H[X] = -\sum_{i=1}^{n}(x_i)\log P(x_i) \quad (2-39)$$

式中：对于离散随机变量 X，其可能取值为 $\{x_1, x_2, \cdots, x_n\}$，每个取值对应的概率为 $P(x_i)$，其中 $i=1,2,\cdots,n$；$\log P(x_i)$ 是概率 $P(x_i)$ 对应的自信息，表示当 x_i 发生时所带来的信息量；$H[X]$ 为随机变量 X 信息熵，它是所有可能取值的概率与对应信息量期望值的和。具体而言，信息熵的值越高，表示随机变量的不确定性越大，其值越分散。当所有不确定性都存在时，信息熵达到最大值。

鉴于三维地质模型由立方网格组成，对模型整体不确定性的评估可通过将地质网格单元视为随机变量，并逐一计算各单元的信息熵来实现[77]。在使用机器学习进行三维地质建模时，可以直接使用分类器输出的概率数组对建模结果进行不确定性量化分析[79]。精确量化这种不确定性，可以提高模型预测的准确性和可靠性，从而为后续的决策和模型优化提供依据。

2.5 本章小结

本章详细介绍了地质建模的数据预处理与标准化方法、机器学习算法基础、机器学习模型评估方法以及地质模型不确定性评估方法。这些内容涵盖了从数据准备到模型选择和评估的完整流程，为构建高精度的地质模型提供了全面的指导。首先，本章主要介绍了针对数字高程模型（DEM）数据、地质图数据、钻孔数据、地质剖面数据、物探解译数据和构造纲要图的相应预处理方法，以及空间标准化、地质分层标准化和图文资料标准化的具体操作流程。通过这些预处理和标准化的步骤，能够有效清除数据中的噪声与不一致性，为后续的分析和建模提供可靠的数据基础。其次，本章介绍了多种常用机器学习算法，包括支持向量机、决策树、随机森林、K 最近邻、增强学习、人工神经网络、多层感知机、图神经网络以及堆叠方法，这些算法在功能和应用场景上各有优势，可以根据具体的地质建模需求灵活选择和应用。最

后,本章详细阐述了多种机器学习模型评估指标,包括 F1 分数、总体分类精度(OA)以及 Kappa 系数。另外,还引入了信息熵(Information Entropy)来衡量模型预测结果的不确定性,以此来全面评估和增强模型的预测能力与稳定性。整体而言,本章内容为地质建模的各个环节提供了实用参考,并为后续三维地质建模的研究与应用奠定了重要基础。

第3章　一种渐进式的三维地质建模方法

在三维地质建模中，传统的单阶段方法通常难以捕捉地下复杂的地质时空关系，导致岩性信息的提取不够细致，进而影响模型的精度和可靠性。为应对这一挑战，本章提出了一种基于随机森林(RF)的两阶段渐进式建模方法。第一阶段构建地层分类器，捕捉地质单元的时代信息，形成初步的地质框架。接着，利用地层分类结果作为新的特征输入，进行第二阶段的岩性分类。这一渐进策略不仅增强了对地下复杂结构的表达能力，还通过两次训练使得模型能输出具有地层含义的岩性分类。该方法的分阶段处理方式有效提升了模型的细致度，解决了单一过程难以全面表达的问题。

3.1　研究动机

基于机器学习的地质建模通常侧重于预测岩石类型，即岩性建模或岩相建模。这可能是因为岩性组合反映了沉积环境，并揭示了地层中岩石和土壤的性质，如颜色、成分和不良地质体[80-81]。例如在岩溶发育的地区，岩性建模对于检测地质灾害的可能性尤为重要[82]。迄今为止，大多数研究利用位置和岩石性质来预测岩性类型，成功揭示了岩石在三维空间的分布。然而，单一的岩性分类没有考虑岩性单元在地质空间和地质时间上的复杂相关性，使得在某些特定环境下难以完成建模工作。特别是在沉积环境中，通常需要详细了解沉积物的沉积时间和空间分布。地层学表明，每个地质单元都包含特定的地质历史，可以通过一些特定的方法重建[83-86]。在这种情况下，3D地质模型中的地层信息意味着地质年龄信息。因此，有必要在同一个三维地质模型中协同表达岩性和地层信息，以赋予其时间和空间概念，帮助我们在地质时间约束下理解岩性特征和沉积演化。为此，本章提出了一种基于机器学习算法的渐进式地质建模策略。首先，我们利用机器学习分类器对地下每个网格单元进行地层分类。其次，将表示地质时代的矢量化地层标签引入岩性分类器中进行岩性分类，逐步生成具有地质时间意义的三维岩性模型。然后，采用基于联合香农熵分析的不确定性模型，对两个阶段的分类结果进行3D分析。最后，利用地质拓扑学方法分析地质模型所表达的地质时空关系。

3.2 两阶段渐进式的三维地质建模方法

3.2.1 数据重采样

钻孔数据作为地质建模数据,原始样本包含每个钻孔的分层位置,由于特征空间和样本的稀疏性,计算机不能够很好地理解分层信息,因此需要对原始钻孔数据进行重新采样。设定指定的间距按 Z 轴对钻孔进行重采样。将采样后的钻孔数据视为空间中的三维点数据,与其他地质信息(分层信息、岩性信息、岩土工程信息等参数)进行融合表达。

3.2.2 渐进式地质建模方法

渐进式地质建模框架由地层分类和岩性分类两个阶段的分类器以及不确定性分析构成,整体架构如图 3.1 所示。机器学习算法中的随机森林(RF)算法具有精度高、参数少、数据需求量小、性能稳定等优点,能够适用于小样本的重建任务[87-88]。因此,建模流程中的两段分类过程选取 RF 作为分类器。

(1)地层分类模型:如图 3.1 所示,左侧红色箭头指示的路径为第一阶段过程,即地层分类过程。利用真实岩石地物的空间分布进行研究,以空间位置信息为输入特征,以地层类别为目标,学习不同地层的空间位置分布信息。地层分类器首先使用训练数据和测试数据进行训练和测试,然后利用训练好的分类器对重建空间中的所有三维网格单元进行预测。地层分类器的输出是每个实例所属不同地层类别的概率数组。概率最高的地层类型被标记为目标地层,即它们属于哪个地质时期的地层[79]。

(2)岩性分类模型:图 3.1 中右侧蓝色箭头所示的路径表示的是第二阶段过程,即岩性分类过程。在岩性分类模型的训练中,添加了除分层信息之外的地质工程参数作为补充。地质工程参数能够在高维向量空间中对岩性类别的隐含知识进行表述,提供了岩石单元的状态和物理属性信息,可以作为岩性建模的有效支持。因此,此阶段的分类模型选择空间位置信息、参数承载力特征、内摩擦角以及地层分类过程中获得的地层分类标签作为输入特征进行训练。地层预测结果作为耦合 RF 输入,利用地层的分布特征来约束岩性单元的预测。与地层分类过程不同的是,在训练岩性分类器之前,需要对地层分类标签进行矢量化处理。将离散特征转换为用 one-hot 编码方法表示,同时具有相同名称但在不同地层中的岩性在此阶段被标识为不同的岩性标记,这样的处理有助于在三维空间中表达每个地层的岩性组成和分布特征。

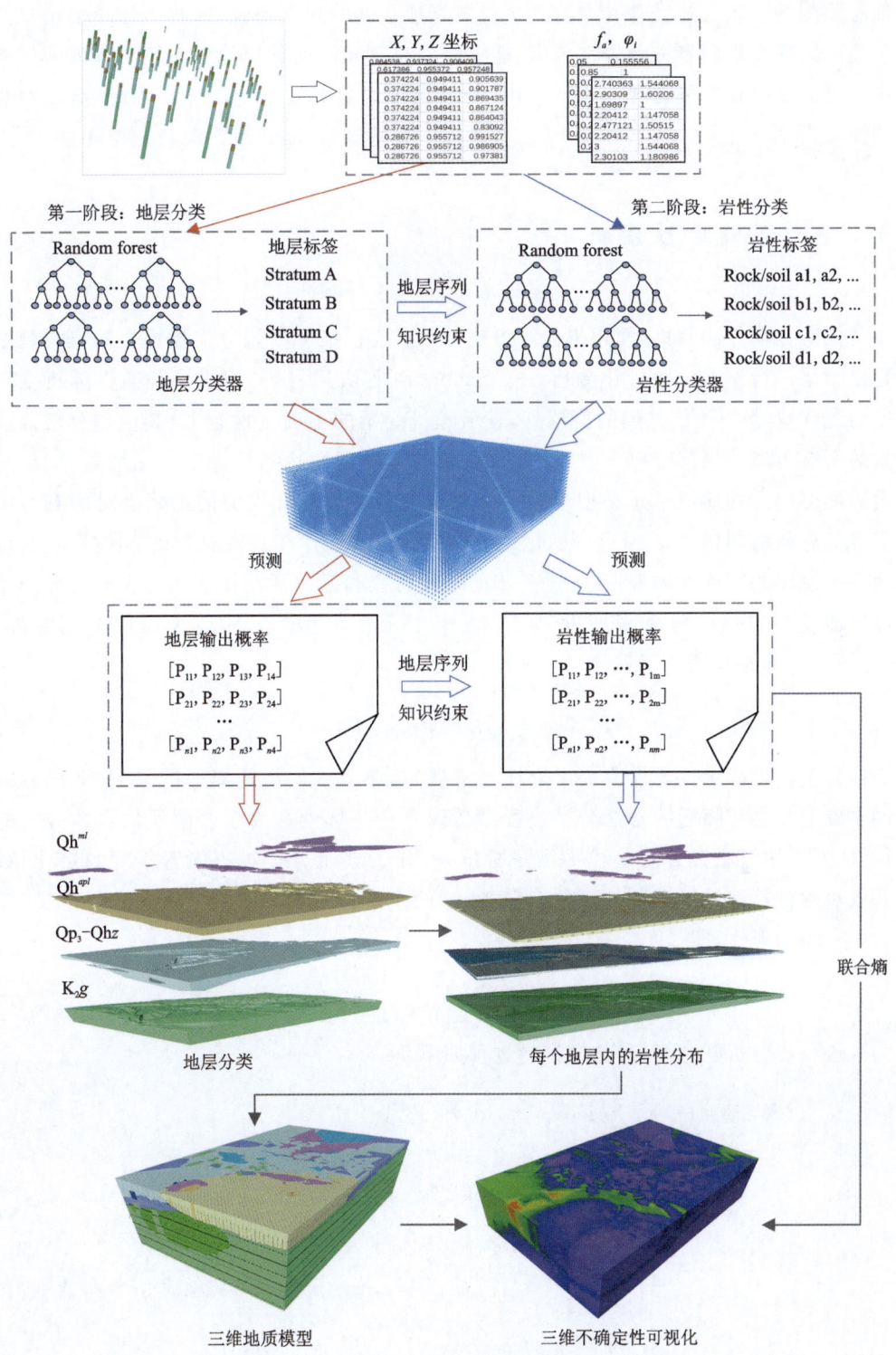

图 3.1 地质建模框架流程

地层预测的引入为随机森林中的各决策树增加了新的规则条件,即将地层年龄信息隐式转换为地层边界识别向量进行岩性分类,能够降低具有相同名称但地层系统不同的岩性被错误分类的可能性。在这种情况下,岩性分类的结果可以更好地与地层分布相结合,以获得更精细的地质模型。

3.2.3 不确定性分析

与其他的建模方法相比,使用机器学习进行地质建模能够使用分类器输出的概率数组直接对建模结果进行不确定性量化分析[79]。Shannon(香农)提出的信息熵是衡量随机变量离散程度的统计量度[78]。信息熵的值越高,表示随机变量的不确定性越大,其值越分散。当随机变量的所有可能结果都等概率发生时,香农熵的不确定性达到最大值。在地质分类中,将每个地质网格单元的地质单元类型视为一个随机变量。地质分类的信息熵是对所有可能的分类事件信息量的期望[77]。通过可视化地质模型中香农熵计算结果的不确定性分布,有助于直观地理解模型的特性和局限性,为进一步的地质研究和勘探活动提供指导。地层分类不确定性可以通过香农熵的计算来衡量,如式(3-1)所示。其中,n 对应于地层类别的数量,$P(x_i)$ 表示第 i 个地层类别的概率。

$$H[X] = -\sum_{i=1}^{n} P(x_i) \log P(x_i) \tag{3-1}$$

岩性分类的不确定性不仅取决于岩性类的概率,还受地层类的概率的影响,地层分类结果中的不确定性会在随后的岩性分类过程中传递并产生影响。为了全面评估岩性分类的不确定性,此处采用了联合香农熵作为衡量标准,并作为整个分类过程中置信度的量化指标。联合香农熵的计算涉及熵和条件熵两个概念,这两个统计量均基于概率分布进行定义[89-90]。采用式(3-2)的形式,即

$$H(X,Y) = -\sum_{i=1}^{n}\sum_{j=1}^{m} P(x_i, y_j) \log P(x_i, y_j) \tag{3-2}$$

为了进一步分析联合熵,其数学推导过程如下。

$$\begin{aligned}
H(X,Y) &= -\sum_{i=1}^{n}\sum_{j=1}^{m} P(x_i, y_j) \log P(x_i, y_j) \\
&= -\sum_{i=1}^{n}\sum_{j=1}^{m} P(x_i, y_j) \log P(x_i) P(y_j \mid x_i) \\
&= -\sum_{i=1}^{n}\sum_{j=1}^{m} P(x_i, y_j) \log P(x_i) - \sum_{i=1}^{n}\sum_{j=1}^{m} P(x_i, y_j) \log P(y_j \mid x_i) \\
&= -\sum_{i=1}^{n} P(x_i) \log P(x_i) - \sum_{i=1}^{n}\sum_{j=1}^{m} P(x_i, y_j) \log P(y_j \mid x_i) \\
&= H(X) + H(Y \mid X)
\end{aligned} \tag{3-3}$$

式中:X 和 Y 分别表示地层变量和岩性变量;n 和 m 对应于地层类别和岩性类别的数量;

$P(x_i)$ 是第 i 个地层类别的概率;$P(x_i,y_j)$ 是地层和岩性变量的联合概率;$P(y_j|x_i)$ 表示条件概率,即岩性类别 y_j 的地层类被确定为 x_i;$H(X)$ 表示地层变量的单个香农熵;$H(Y|X)$ 是确定地层类别时岩性变量的条件熵。

联合熵值为非负数,通过将每个位置的熵值除以联合熵的最大值来获得归一化联合熵。然后,将归一化的联合熵在 0 到 1 之间缩放,其中 0 表示分类过程中的零不确定性值,1 表示极高的不确定性。

3.3 实验和结果分析

3.3.1 实验数据集

为验证模型的有效性,选取了来自中国四川成都新开发城区 736 个岩土工程钻孔数据。原始数据集中包含 X、Y、Z 坐标,地层分层信息,岩性类信息,以及钻孔岩芯测试获得的岩土工程参数承载力特征值与内摩擦角(f_a、i)。沿 Z 轴对钻孔进行重采样,得到 13 641 个样本数据,将原始钻孔转换为具有空间位置、地层类别、岩性类别和岩土性质信息的一系列样本点,并将数据进行统计分析便于后续实验处理。图 3.2 表示了数据集的地层和岩性统计信息,其中饼状图显示了所涉及的人工堆积层(Qh^{ml})、冲洪积层(Qh^{apl})、资阳组(Qp_3-Qhz)、灌口组(K_2g)4 个地层的数据占比。由旧到新,除灌口组为白垩纪外,3 个较新的地层均为第四纪沉积物。条形图则展示了每个地层涉及的岩性样品数量。

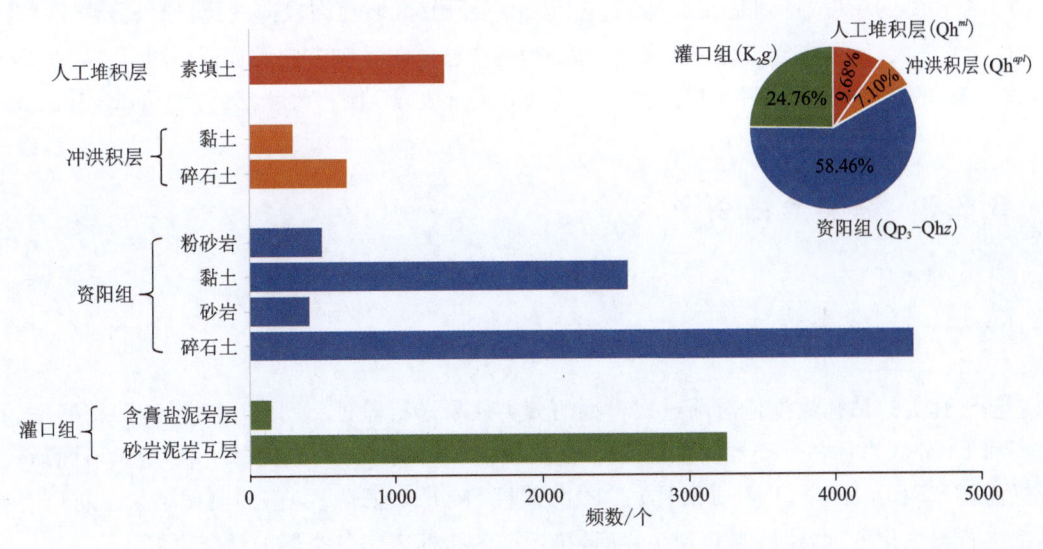

图 3.2 地层与岩性分布统计

为了消除数值对模型学习效果的影响,对数据进行了归一化处理[54,91]。使用以下线性算法将坐标值重新缩放到 0 到 1 之间,公式为

$$X^* = \frac{x - min}{max - min} \quad (3-4)$$

式中:x 和 X^* 分别表示归一化前后的值;max 和 min 分别表示每个坐标的最大值和最小值。

同时,对两个岩土特征 f_a 和 i 进行如下以 10 为底数的对数函数处理。

$$Y^* = \log_{10} y \quad (3-5)$$

式中:y 和 Y^* 分别表示每个岩土特性归一化前后的岩土值。

最后,将预处理后的数据分为训练集(80%)和测试集(20%)。此外,在预测整个研究区域的岩性时,非样本网格单元的岩土性质来自相应的属性模型。

3.3.2 渐进式模型训练

渐进式模型训练第一阶段的地层分类器将进行预处理后的钻孔数据 X、Y、Z 坐标作为输入特征,以地层类别为学习目标输入到模型中进行训练。其中,实验中所使用的 RF 来自于 Scikit-learn(Scikit-learn 是一个广受欢迎的开源 Python 模块,提供了一个集成多种机器学习算法的平台)。使用训练数据和测试数据对地层分类器进行训练和测试,得到训练好的地层分类器以及地层分类模型,并通过分类模型得到分类标签。

第二阶段的岩性分类器的训练则采用钻孔数据的 X、Y、Z 坐标,f_a,i 以及地层标签,作为输入特征进行训练得到最终的分类模型。

最后将地层分类结果导入可视化工具以显示地层分布[92]。需要注意的是,三维网格的大小会影响预测的精度,特别是在 Z 轴方向上。由于研究区域存在较薄的层,如果分辨率太小,即 3D 网格太大,便可能会遗漏一些薄层。因此,选择通过在 Z 轴方向设置较小的尺寸来提高分辨率,以确保每个地质类别都可以预测。在两个分类阶段,3D 网格尺寸都设置为 5m×5m×2m。

3.3.3 分类结果分析

3.3.3.1 分类结果

基于真实的钻孔数据值对渐进式模型的分类效果进行验证,使用 3 个指标,即精确率、召回率和 F1 分数来评估分类器的性能[90]。如式(2-32)、式(2-33)、式(2-34)所示,计算每个指标需要 TP(真阳性)、TN(真阴性)、FP(假阳性)和 FN(假阴性)值的测试结果。将所有指标都进行归一化处理,缩放到 0 到 1 之间,接近 1 的指标表明分类器的性能更好。

地层分类测试验证结果如表 3.1 所示,总体精确率、召回率和 F1 分数(F1 score)为 0.89。在 4 个地层类别中,Qh^{ml} 和 Qp_3-Qhz 经验证后评价较高。由于 Qp_3-Qhz 的数据量超过了数

据集的一半,分类器可以充分学习到该类的特征,所以得到了最好的测试结果。然而,Qh^{apl}显示了相反的结果。即使Qh^{ml}数据量在数据集中占比较少,也取得了较好的结果。通过分析数据集的空间分布,发现Qh^{ml}地层分布在重构空间的上半部分,因此它们更容易与下部地层分离。

表3.1 地层分类测试验证结果

地层单元	目标类别	精确率	召回率	F1分数
Qh^{ml}	A	0.93	0.92	0.92
Qh^{apl}	B	0.81	0.83	0.82
Qp_3-Qhz	C	0.96	0.91	0.93
K_2g	D	0.85	0.91	0.87
All units(所有单元)	—	0.89	0.89	0.89

岩性分类测试验证结果如表3.2所示,总体精确率、召回率和F1分数分别为0.76、0.81和0.87。a1类、c4类、d2类3种岩性的精确率和F1分数均在0.9以上。与地层分类结果相似,a1类和d2类两类岩石或土壤分别位于重建空间的顶部和底部,更容易与其他岩性单元进行区分,因此获得了较好的分类结果。c4类样品数量最多,取得了较好的测试结果。d1类在所有岩性类别中数据量最少,岩性分类器对特征的学习不够,导致验证结果相对较差。

为了验证RF在地质分类中的有效性,将RF分类结果与SVM、DT和人工神经网络(ANN)

表3.2 岩性分类测试验证结果

地层单元	编码	岩性单元	目标类别	精确率	召回率	F1分数
Qh^{ml}	A	plain fill(素填土)	a1	0.95	0.88	0.91
Qh^{apl}	B	clay(黏土)	b2	0.62	0.65	0.63
		broken stone soil(碎石土)	b4	0.78	0.87	0.82
Qp_3-Qhz	C	silt(粉砂岩)	c1	0.60	0.71	0.65
		clay(黏土)	c2	0.87	0.88	0.87
		sand(砂岩)	c3	0.88	0.89	0.88
		broken stone soil(碎石土)	c4	0.91	0.89	0.90
K_2g	D	gypsum-salt mudstone(含膏盐泥岩层)	d1	0.31	0.64	0.42
		sand-mudstone interbedding(砂岩泥岩互层)	d2	0.96	0.92	0.94
All units(所有单元)	—	all units(所有单元)	—	0.76	0.81	0.78

在相同环境下进行分类实验并比较其结果。每种分类算法的参数均设置为默认值,目标标号

为地层类,4 种分类器的特征空间一致。如表 3.3 所示,RF 算法在查准率、查全率和 F1 分数上都比其他 3 种算法有一定的优势。在地质分类任务中,RF 优于其他 3 种分类器。

表 3.3 机器学习算法分类测试对比

分类器	精确率	召回率	F1 分数
SVM	0.848 7	0.853 7	0.851 2
DT	0.814 9	0.796 7	0.805 7
ANN	0.719 5	0.741 3	0.730 2
RF	0.887 5	0.892 5	0.885 0

3.3.3.2 地质模型可视化

使用可视化工具将三维空间的预测结果进行地质模型可视化,模型结果和相应的截面分别如图 3.3、图 3.4 所示(注意:该研究区的地下空间数据为非公开数据,图中的经纬度网格已经过适当处理)。为了更加清晰地显示地质特征,将模型中的 Z 轴拉伸至原来的 10 倍进行可视化展示。

模型可视化过程中,结合颜色和纹理可以更直观地显示岩性和地层的分布。用 4 种颜色来划分 4 个地层类,紫色代表 Qh^{ml},黄色代表 Qh^{apl},蓝色代表 Qp_3-Qhz,绿色代表 K_2g。

在可视化模型的符号设定上,属于同一地层地质单元具有相同的色系,具有相同的岩性的地质单元采用纹理相同的符号表示。例如 Qh^{apl} 的浅黄色碎石土和 Qp_3-Qhz 的蓝色碎石土都是碎石土,因此同样都采用了不规则圆圈的符号表示,通过这种方式得到了一个高细粒度的地质模型。该模型不仅精细地捕捉到了地层的延伸特征和尖端消亡的位置,而且还详尽地揭示了各个地层内部的岩性构成及其分布情况。

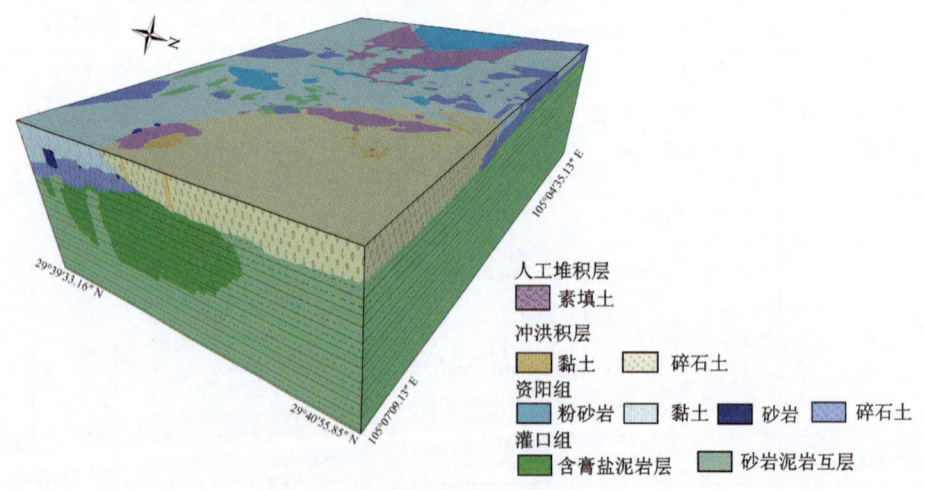

图 3.3 地质建模结果模型

第3章 一种渐进式的三维地质建模方法

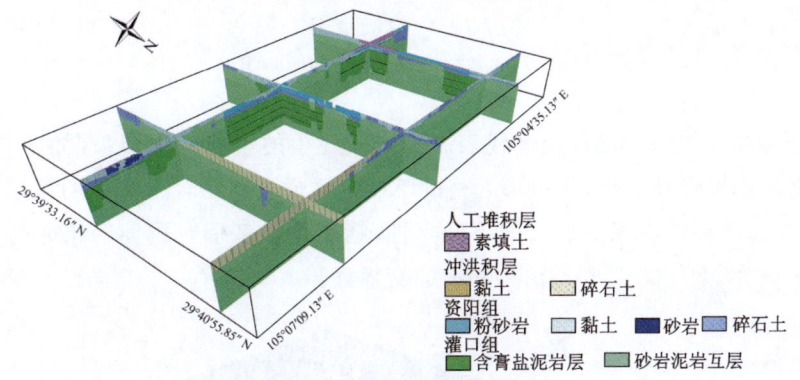

图 3.4　三维地质模型截面图

如图 3.5 所示，各层的岩性三维图描述了岩性信息，可以观察到每个地层的物质成分。其中，Qh^{apl} 组黏土地质单元分散在地层中，连续性较差；$Qp_3 - Qhz$ 组黏土地质单元以地层为主，连续性较好；此外，K_2g 砂岩泥岩互层中还穿插着含膏盐泥岩层，这在一定程度上反映了该区域的地质过程。研究区在构造上属于川西凹陷的一部分。晚白垩世灌口期，成都盆地受燕山运动影响持续下沉。在当时干热的气候条件下，海侵形成的盐湖水不断蒸发，形成了含石膏的细粒沉积物。每次沉积初期，泥岩与薄碳酸盐岩、砂岩与泥岩交互产生，形成了灌口组现有的岩性分布特征。

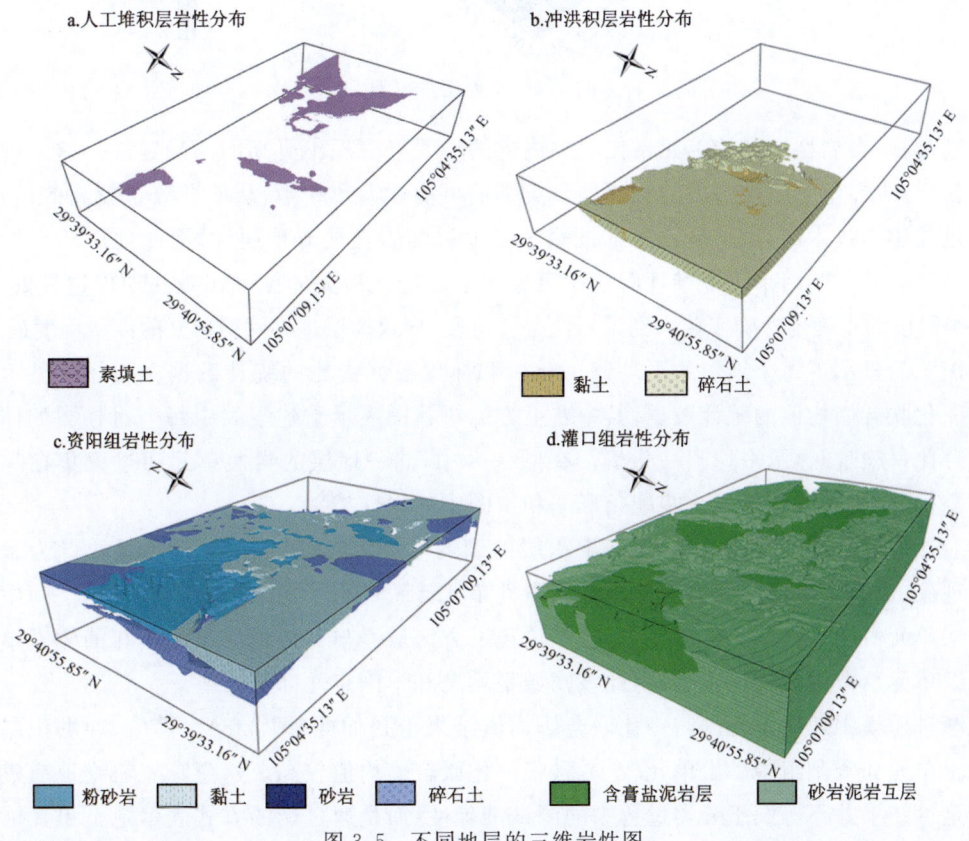

图 3.5　不同地层的三维岩性图

3.3.3.3 不确定性分析

两阶段分类结果的归一化联合熵代表了渐进式建模的不确定性结果,如图 3.6 所示,其中紫色单元格的不确定性最小,红色单元格的不确定性最大。结合上文中的地层与岩性建模结果观察,地层边界往往表现出更大的不确定性,特别是与多个地质类别相邻的界面。不确定性最大的区域为 Qh^{ml}、Qh^{apl} 和 Qp_3-Qhz 的交界处。

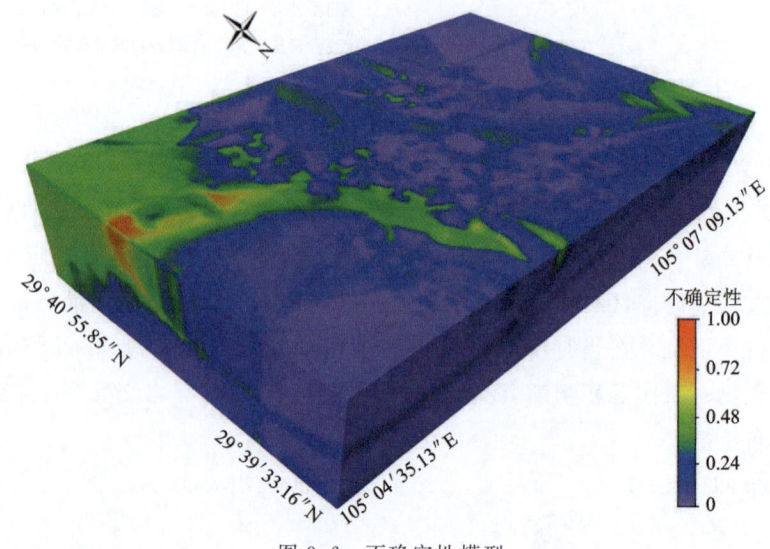

图 3.6 不确定性模型

同时,来自岩性边界的单元格比岩性内部的单元格表现出更高的不确定性。这一现象的原因在于,边界单元格被归类到相邻地质类别的可能性大致相当,从而导致了较高的信息熵。在渐进式建模技术中,每个单元格都被赋予了地层和岩性的双重属性,因此地层和岩性都存在多种可能的分类结果。不难理解地质模型中不确定性最大的区域出现在地层边界处,第一个分类阶段的不确定性确实转移到了岩性分类阶段,导致地层边界网格单元的混淆程度最高。

图 3.7 显示了每个地层的平均归一化熵和体素单元占比的统计数据。图 3.8 显示了岩性归一化联合熵均值的统计数据,其中右上方的饼状图表示重建空间中每个目标类的体素数的百分比,柱状图显示平均归一化熵。在图 3.8 中,同一地层的岩性单元通过聚集在一起的方法进行显示,并使用颜色来匹配条形图和饼图中的岩性类别。

对比地层分类的测试结果,人工堆积层的熵均值最大,灌口组的熵均值最小。为了解释这一现象,对整个重建空间内的地质层和岩性单元计数进行了深入分析。在重构空间中灌口组地层单元占据了大部分的单元格,且多位于下方区域。与其他地层单元相邻的体素单元在灌口组单元总数中的占比很小,因此该区域平均熵和不确定性都很低。

渐进建模中地质单元的归一化联合熵均值结果也是如此(图 3.8)。其中,冲洪积层地层中黏土单元和资阳组中砂岩单元较少,且归一化联合熵均值较高。这意味着三维地质模型的不确定性结果并不等同于分类过程中的测试准确性,而是通过熵的方式表示地下单元被正确分类的可能性。而且,机器学习模型的测试结果主要是用来证明训练好的分类器与测试集的性能,并没有完全表征预测结果。

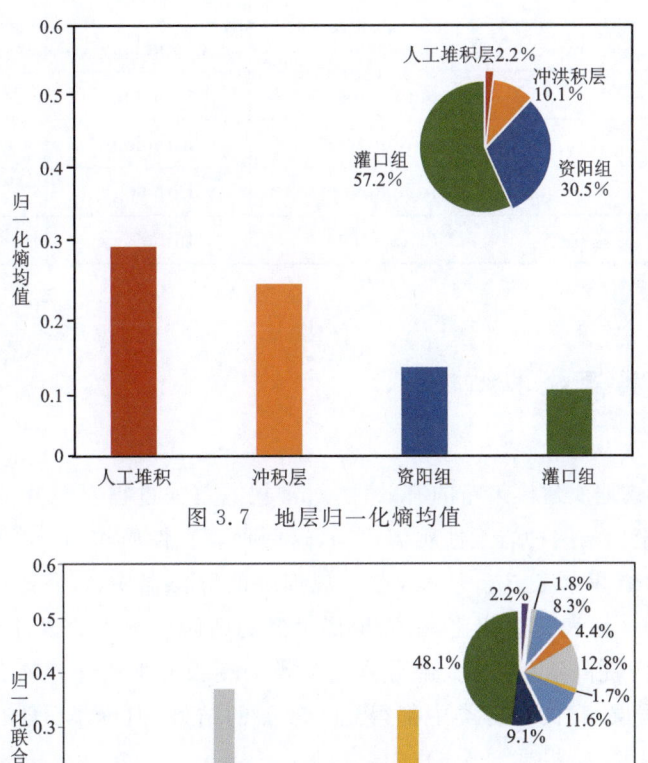

图 3.7　地层归一化熵均值

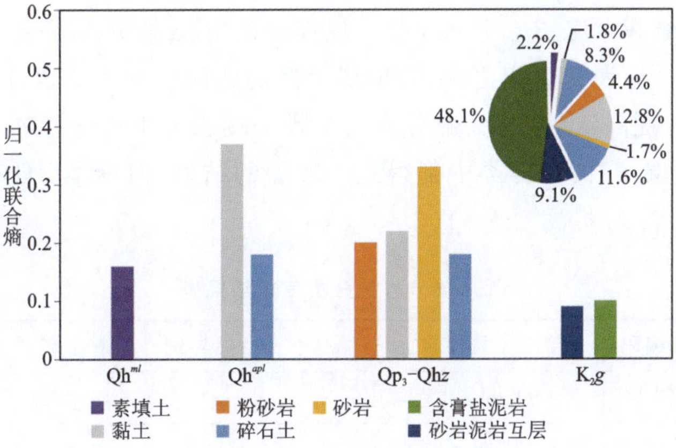

图 3.8　归一化联合熵均值

3.3.4　消融实验

为了研究地质分类中岩土特性的潜力,即承载力特征值 f_a 和内摩擦角 i 对实验结果的影响。构建消融实验分析几种不同输入组合的分类结果。输入组合及其对应的结果如表 3.4 所示。

结果表明,包含全部 5 个特征的第 4 组获得了最高的测试成功率,仅包含一种岩土特征的第 2 组和第 3 组也比不包含岩土特征的第 1 组获得了更高的准确性。这意味着这两个岩土参数对地质分类都是有效的。其中,f_a 代表承载试验确定的压力变形曲线中对应线性变形的压力值,而 i 代表竖向剪切破坏下岩体位错面倾角,反映岩石中颗粒间的内摩擦。这些都是识别不同岩石或土壤特征的重要岩土参数。值得一提的是,分别只包含坐标和岩土特性的第 1 组和第 5 组的结果并不是特别差,这表明位置信息和岩土特性对地球科学研究都很重要。

表 3.4　不同输入特征的分类结果

类别	输入	目标	F1 分数
Group 1	X、Y、Z coordinates	Lithology	0.60
Group 2	X、Y、Z coordinates；f_a	Lithology	0.70
Group 3	X、Y、Z coordinates；φ_i	Lithology	0.62
Group 4	X、Y、Z coordinates；f_a；φ_i	Lithology	0.75
Group 5	f_a；φ_i	Lithology	0.58

3.3.5　分类器效果比较

为了验证渐进式地质建模策略的有效性,对常规的单一过程岩性分类方法进行了比较。这只包括 X、Y、Z 坐标与两种岩土性质 f_a 和 i,这两种岩土性质作为分类输入用于预测岩性类别的特征。实验结果如表 3.5 所示,在常规训练的分类器中,3 个评价指标的值分别为 0.73、0.77 和 0.75。与表 3.2 相比,引入地层信息的两阶段渐进式岩性分类结果提高了约 3%,F1 分数从 0.75 提高到 0.78,大部分岩性分类的逐级分类成功率均有所提高。虽然 d1 类(K_2g 含膏盐泥岩层)在两种分类中都得到了较差的结果,但逐步分类的结果仍然有所改善,特别是召回率从 0.52 提高到 0.64。

表 3.5　岩性分类测试结果表

地层单元	编码	岩性单元	目标类别	精确率	召回率	F1 分数
Qh^{ml}	A	plain fill（素填土）	a1	0.88	0.88	0.88
Qh^{apl}	B	clay（黏土）	b2	0.48	0.53	0.50
		broken stone soil（碎石土）	b4	0.77	0.82	0.79
Qp_3 - Qhz	C	silt（粉砂岩）	c1	0.60	0.69	0.64
		clay（黏土）	c2	0.87	0.83	0.85
		sand（砂岩）	c3	0.87	0.86	0.86
		broken stone soil（碎石土）	c4	0.88	0.87	0.87
K_2g	D	gypsum - salt mudstone（含膏盐泥岩岩）	d1	0.27	0.52	0.36
		sand - mudstone interbedding（砂岩泥岩互层）	d2	0.94	0.91	0.92
All units（所有单元）	—	all units（所有单元）	—	0.73	0.77	0.75

考虑到数据集中岩性类别的不平衡性，构建混淆矩阵对各岩性类的分类结果进行进一步评价[93]。常规地质分类和渐进地质分类的归一化混淆矩阵如图 3.9 所示。其中，红色数字表示岩性分类中的误分类实例，这些实例被错误地归类为其他地层的岩性类别。通过引入地层分类标签，能够观察到分类准确性在不同程度上得到了提升。这表明在缺乏地层信息的情况下，即使是本质上截然不同的岩石或土壤，也可能被错误地归类为同一地层中的其他岩石或土壤类型，从而降低了岩性建模的准确性。地层类别的引入有效地提高了不同地层岩性分类之间的区分度，而对于同一地层内的岩性分类，这种影响并不显著。这一现象是合理的，因为在地层信息的辅助下，不同地层之间的岩性分类的差异性得到了增强，而同一地层内的岩性分类则保持了一致性。

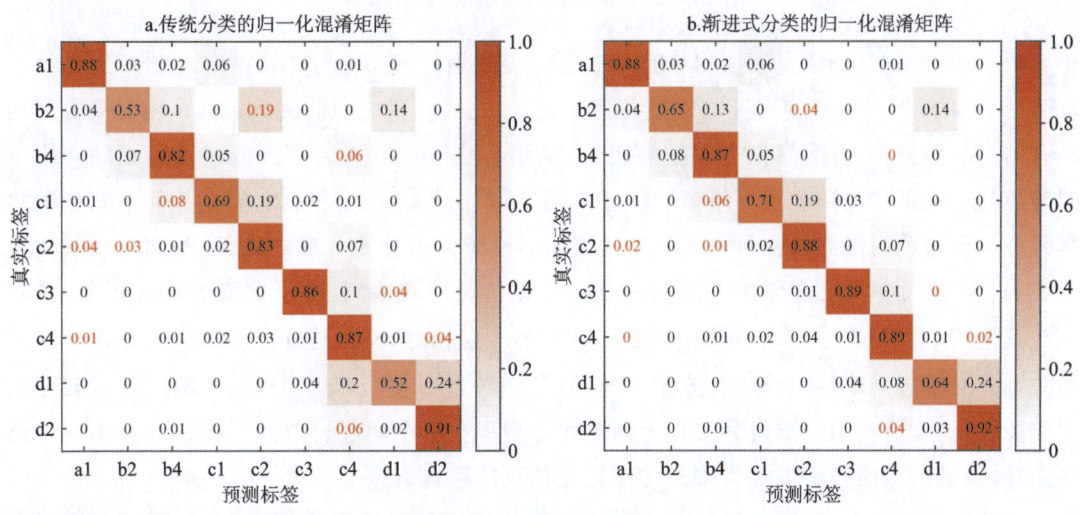

图 3.9　常规地质分类和渐进地质分类归一化混淆矩阵

通过对比两组实验结果能够发现渐进地质分类的核心机制。在这一过程中，地层间的约束信息被机器学习算法隐式地转化为一个强有力的学习特征，从而显著地提升了第二阶段的分类性能。这一发现强调了地层信息在提高岩性分类准确性中的关键作用，并展示了机器学习在处理复杂地质数据时的潜力。

3.3.6　地质模型中的时空关系

本章提出的渐进式建模策略能够在同一结果模型中协同表示地质元素之间的时空关系。为了进一步阐述该模型如何同步表示这种复杂的关系，需对地质结构进行了细致的拓扑分析。与几何图形中对拓扑的常规定义不同，地质拓扑特有的属性源于地质学中特定区域所经历的地质过程，如沉积作用、岩浆侵入、侵蚀以及断裂等。这些地质历史事件构成了一个错综复杂的拓扑关系网络。因此，对特定地质区域的拓扑关系进行分析，不仅可以更好地理解地下结构，还有助于推断特定区域的历史演化过程。对于地质拓扑关系参考了 Wang 等[94]的定义，即将地质拓扑划分为空间拓扑和时间拓扑，来表达构建模型的地质拓扑，如图 3.10 所示。

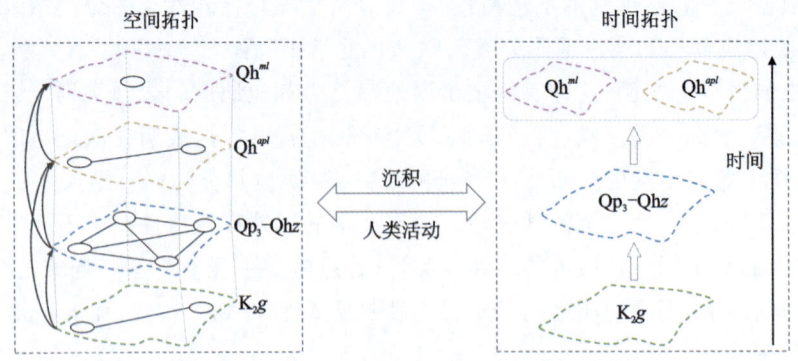

图 3.10 三维地质模型的地质拓扑结构

图 3.10 左侧部分描述了所得模型的地质空间拓扑关系,与几何学中定义的常规拓扑一致[95]。地质模型中的空间拓扑与地质几何相关,由几何元素之间的关系定义。由于研究区内没有明显的裂缝构造,为简化空间拓扑表示,采用层状地层结构表示。由虚线绘制的 4 个不同颜色的不规则多边形代表了模型中的 4 个地层,带箭头的弧线表示它们在几何空间中的接触关系。多边形内部的圆圈显示了每个地层中岩性单元的分布和接触条件,圆圈之间的边缘存在表明了岩性单元之间邻接关系的存在。可以清楚地观察到,除了底部的 $K_2 g$ 层外,Qh^{ml} 层与其他两个层相邻。Qh^{apl} 和 Qp_3-Qhz 与其他 3 层相邻,$K_2 g$ 与 Qh^{apl} 和 Qp_3-Qhz 存在接触关系。对于每个地层内的岩石分布,Qh^{ml} 只有一种岩石类型,Qh^{apl} 和 $K_2 g$ 都与两种岩性类型相关联,而 Qp_3-Qhz 层内分布有 4 种岩性类型。在多个地层岩单元中存在 3 种不同的结构拓扑,生成的地质模型能够实现多尺度拓扑信息的融合表达。

在地质学语义上,地层界线表示历史过程中发生的地质过程,每一个地质过程都隐含着地质时代信息。空间拓扑和时间拓扑可以通过过程模型相互推断,即允许将空间关系转换为时间关系[96]。基于此,提取了结果模型的时间拓扑作为图 3.10 的右侧子图,箭头指向历史演化的方向,也就是从老到新的地质时间方向。可以发现,研究区的沉积环境揭示了 3 个主要的地质时代,将 $K_2 g$ 出现的地质年龄记为时间 1,Qp_3-Qhz 记为时间 2,Qh^{ml} 和 Qh^{apl} 记为时间 3。在没有明显断裂构造和倒转地层的情况下,较老的地层首先在空间下部形成,然后被较新的地层覆盖。因此,从地质模型可以清楚地推断出,3 个地质时代的新老关系为时间 1 最老,时间 2 次之,时间 3 最新。在时间 1 时期,由于 $K_2 g$ 存在石膏层,这一层的形成通常会伴随着盆地海蚀事件的结束、咸水的蒸发和浓缩以及咸化物质的沉积。在时间 3 时期,新形成的洪积物和冲洪积物被河流搬运与堆积,最终沉积成松散沉积物,形成 Qh^{apl} 地层。同时,在城市地下空间建设过程中,随着人类对地下和地表的改造、积累、填充等活动,促成了 Qh^{ml} 地层的生成。这些地质过程将空间拓扑与时间拓扑联系在一起,如图 3.10 中间的水平双向箭头所示。

通过以上分析可以得出结论,所提出的渐进式地质建模在一定程度上是同一模型中地层和岩性信息的综合表达。这种建模方法不仅允许描述岩性物质的分布,而且能够表达地层结构信息。同时,空间信息与时间信息的耦合描述也得到了初步实现。

3.4　本章小结

　　本章为了解决传统机器学习方法单一地层分类过程难以捕捉地质时空关系的问题,提出了一种渐进式地质建模框架,并对其有效性进行了验证。该框架分为地层分类和岩性分类两个阶段,同时引入联合香农熵计算来量化模型的不确定性。研究结果证实,该模型不仅能够描述岩性物质的空间分布,还能够表达这些物质的地层年代信息,实现了地层和岩性信息在统一框架下的整合表示。此外,通过对地质拓扑关系的深入分析,该模型在一定程度上实现了地下时空信息的耦合表示。模型不确定性的分布呈现出从地质体内部到边缘逐渐增高的趋势,与信息熵的分布规律相吻合。这一发现为地质建模的不确定性量化提供了新的视角,并为地质模型的解释和优化提供了科学依据。

第 4 章　一种 Stacking＋RBF 的三维地质建模方法

尽管两阶段建模方法在细致度上取得了显著进步,但单一分类器在刻画复杂矿体形态方面仍面临挑战。矿体的形状和规模复杂多变,传统方法难以全面捕捉其空间分布特征。为此,本章引入了基于 Stacking 和径向基函数(RBF)的集成建模方法。

4.1　研究动机

地质建模在矿产资源评估、工程地质分析和环境保护中扮演着至关重要的角色。然而,地质结构的复杂性、地质异质性以及空间数据稀疏性等因素,使得传统的三维地质建模方法存在显著的局限性。传统的插值技术在应对这些复杂性时,往往难以准确地描述地下环境,导致模型在实际应用中的可靠性和精度不足。近年来,基于机器学习的地质建模方法因其强大的学习和预测能力,逐渐成为解决复杂地质建模问题的有力工具。然而,现有的机器学习地质建模方法大多依赖单一分类器。这种单一分类器的策略在应对复杂的地质特征和稀疏数据时,容易导致模型过拟合、曲面边界不连续等问题,限制了模型的准确性和应用效果。矿体的形状和规模复杂多变,传统方法难以全面捕捉其空间分布特征。机器学习插值能够利用多种数据,但较适用于层间分明的地层建模,对于矿体建模来说,通过机器学习插值得到的表面较为突兀。RBF 插值为以相对于采样点欧式距离为自变量构造地质体的曲面函数表达,能够受到数据的强约束,可较好地拟合矿体轮廓线。但是,RBF 通常需要密集均匀的数据,在轮廓线数据稀疏时利用 RBF 插值会导致模型内部出现孔洞和模型边界不连续现象。为了克服这些挑战,本章提出了一种基于 Stacking 和 RBF 的三维地质建模方法。Stacking 通过集成多个模型,结合了它们的优势,能够更全面地捕捉矿体的复杂形态信息。RBF 进一步增强了模型对非线性特征的捕捉能力。这种方法不仅提高了模型的精度和可靠性,还推动了机器学习矿体建模技术的发展。具体而言,本书针对形态复杂且轮廓线稀疏分布不均的建模区域,通过 Stacking 集成策略,建立有向空间点云数据集,增强了几何特征,降低了采用径向基插值方法时对原始数据质量的高要求。然后,提取边界点和法向量组成点对数据,利用这些点对数据解析 Hermite 型径向基隐函数(Hermite Radial Basis Function,HRBF),计算出建模区域格网节点的函数值。最终,利用行进四面体算法(Marching Tetrahedron,MT)可视化得到三维矿体模型。

4.2 技术路线

三维地质建模与三维矿体建模在实际应用中密切相关,因为两者都涉及对地下结构的精确描述和分析。在实际操作中,三维矿体建模常被用作三维地质建模的具体应用示例,因此本章将以三维矿体建模为例展开详细实验,研究框架及建模流程如图4.1所示,主要由以下3个步骤组成。

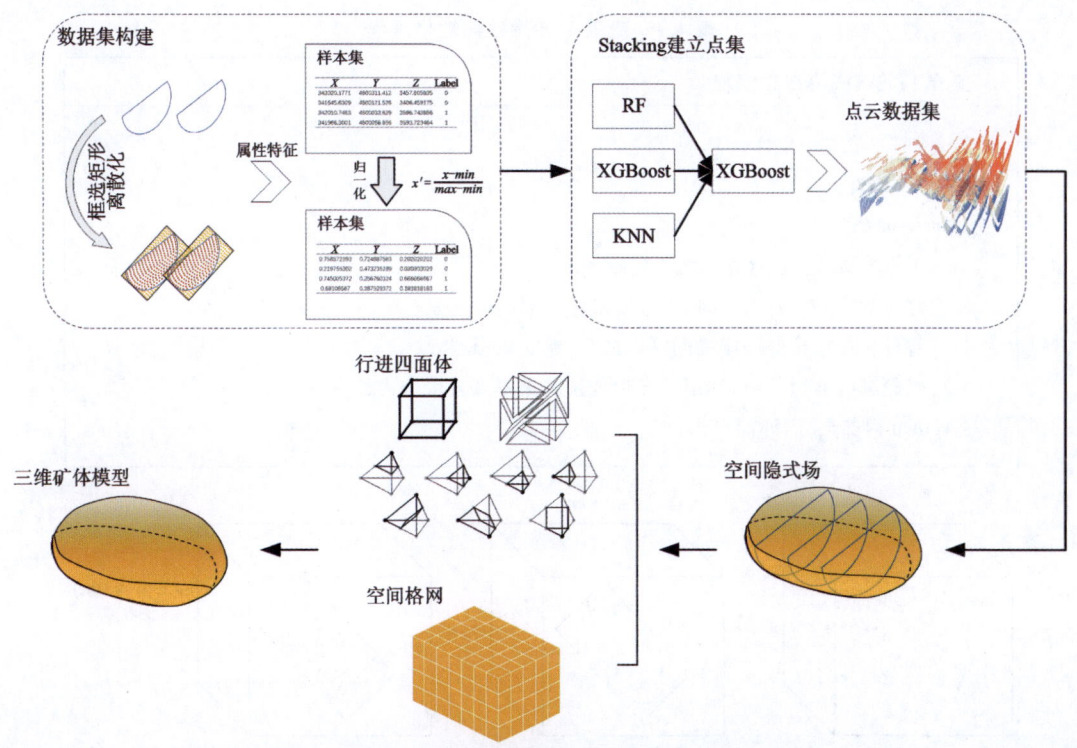

图 4.1 基于 Stacking 集成策略的隐式三维地质建模流程

(1)轮廓线离散化并构建数据集:轮廓线离散化是将矿体的轮廓线从连续曲线转换为离散的点集的过程,这些离散点用于构建数据集,从而为后续的建模和分析提供基础。

(2)Stacking 集成策略模型训练:首先,对3个基分类器(RF、KNN、XGBoost)进行训练,并用其预测结果训练一个元分类器(XGBoost);最终,使用 Stacking 模型建立均匀密集的点云数据集。

(3)径向基函数曲面矿体建模:首先,对上述点云数据进行处理;然后,计算 HRBF 系数并建立隐式场;最后,通过行进四面体算法将隐式场可视化为三维矿体模型。

4.3 Stacking+RBF 的三维地质模型

4.3.1 数据集构建

首先将原始矿体轮廓线进行离散化,建立点云样本集。离散化流程见流程1(表4.1),将位于轮廓线的内部点云和外部点云分别标记为矿体($l=+1$)与岩石($l=0$),建立点云样本集 $\{(x_1,l_1),(x_2,l_2),\cdots,(x_n,l_n)\}, x_i \in R^3 (i=1,2,\cdots,n), l \in \{+1,0\}$,如图4.2所示。

表 4.1　流程1:轮廓线离散化流程

流程1:轮廓线离散化流程
输入:矿体轮廓线集合(P)
输出:内部点云、外部点云
1: **for** i in P;
2:　根据轮廓线 i 设定轮廓线外包矩形;
3:　在轮廓线同一平面,利用外包矩形将轮廓线框选住;
4:　将外包矩形按照一定的间隔离散化,建立矩形点云;
5:　以轮廓线为边界线,利用GIS射线法将矩形点云区分内外;
6: **return** 内部点云、外部点云;

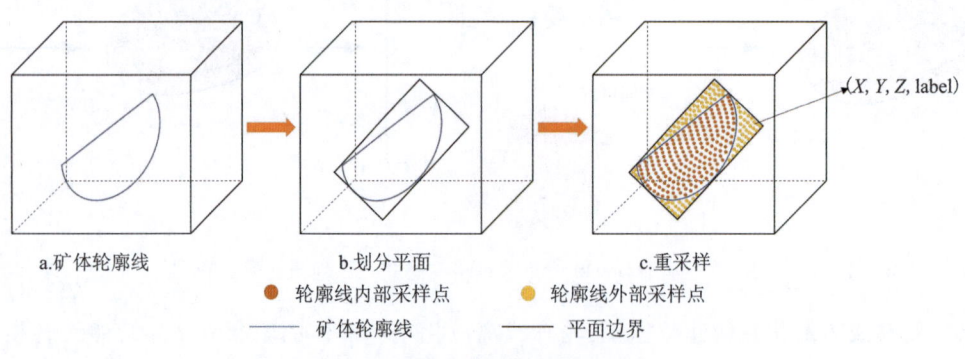

图 4.2　矿体轮廓线离散化采样图

此外,为了减少点云样本集中样本特征差异对训练的影响,加快模型收敛速度,保证原始样本特征分布情况,采用线性函数归一化方法对点云样本集数据进行归一化,公式为

$$x' = \frac{x - min}{max - min} \tag{4-1}$$

式中:x' 为归一化后的值;x 为待归一化的值;min 为数据集中最小值;max 为数据集中最大值。

4.3.2 Stacking 集成策略模型架构

在训练模型之前,需要选择模型最优参数。最优参数指的是那些能够使模型在任务上表现最佳的参数设置,它们旨在最大化模型的预测性能和泛化能力。本章采用五折交叉验证方法对每个基分类器进行模型训练,通过这种方式能有效避免模型的过拟合,从而获得最优参数,如图 4.3 所示。对于第一层 3 个基分类器需要利用划分为 5 份的训练集,每个基分类器选取其中任意 4 份进行训练,来预测剩下的 1 份数据。第一层 3 个基分类器都需要训练 5 次,第二层利用第一层的输出训练 1 次,故本章 Stacking 算法共需要训练 16 次机器学习模型。为了提高参数的选取效率,本章采用 Scikit-Learn 机器学习包中的网格搜索法(GridSearchCV)对每个模型在预设的参数范围内进行参数寻优[97]。

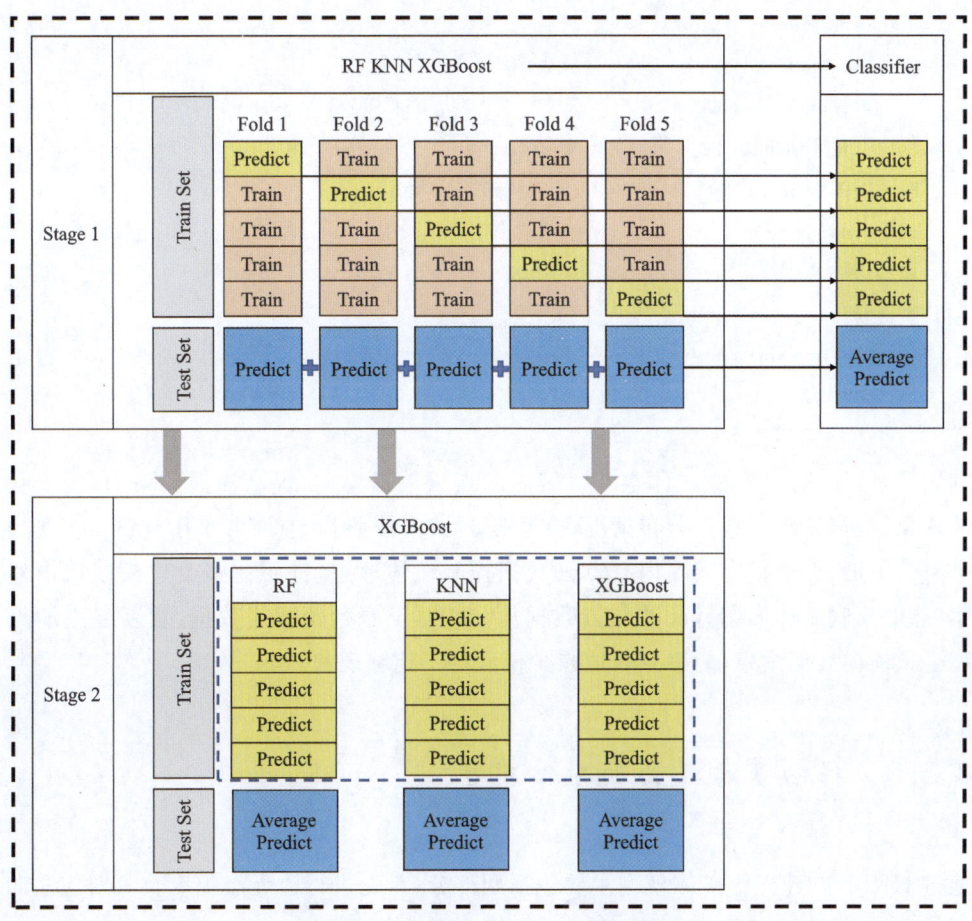

图 4.3　Stacking 集成策略模型训练流程

在保留正负样本比例的情况下,将 4.3.1 小节中提供的点云数据集分割为训练集(80%)和测试集(20%),利用训练集训练所有的基分类器,利用基分类器的输出作为新的数据特征训练元分类器。具体 Stacking 算法如流程 2(表 4.2)所示。

表 4.2　流程 2:Stacking 训练流程

流程 2:Stacking 训练流程
输入:点云
输出:Stacking 模型
1:将点云划分为训练集 A(80%)和测试集 B(20%);
2:由 RF、KNN、XGBoost 组成基分类器 P,由 XGBoost 组成元分类器 Q;
3:将 A 划分为五折交叉验证集 C,训练集为 C1,预测集为 C2,训练元分类器特征数据　为 X,每一种特征为 X_i;
4:操作数据顺次拼接为 $M()$,横向合并为 $N()$;
5:**for** i **to** P **do**
6:　**for** j **to** C **do**
7:　　train P_{ij} model;
8:　　R = predict C2;
9:　　$X_i = M(X_i, R)$;
10:　**end**
11:　$X = N(X, X_i)$;
12:**end**;
13:Q = Train Q by X;
14:**return Q**;

利用 Stacking 模型建立矿体空间区域内的点云数据集,为提高横向约束力,减少孔洞及不连续现象,根据轮廓线数据分布情况,在建模区域内按照指定间隔利用 Stacking 模型建立待分类点云平面,保证指定间隔内有点云数据控制矿体形态,进而在整个建模区域内建立均匀密集、能够反映矿体形态特征的点云数据集。相对于原始轮廓线数据,重新建立的点云数据集增强了横向几何约束,能够有效地减少模型的不连续现象。

4.3.3　径向基函数曲面矿体建模

通过 HRBF 构建三维矿体模型主要包括两部分,首先进行边界点提取及其对应法向量计算;然后构建矿体隐式场及隐式场可视化,建立三维矿体模型。

1. 边界点提取及法向量计算

本章将空间点云数据集按照 10m 为间隔提取边界点,同时采用基于 K 最近邻搜索局部表面拟合的 PCA 法[98][式(4-2)、式(4-3)]提取边界点数据所对应的法向量,将空间点云数据集转化为表征着矿体形态的有向数据集,所提取的法向量方向均指向矿体品位高的地方。

$$P(\boldsymbol{n}, d) = \underset{(\boldsymbol{n}, d)}{\mathrm{argmin}} \sum_{i=1}^{k} (\boldsymbol{n} p_i - d)^2 \quad (4-2)$$

式中:$\boldsymbol{n}$ 为局部表面 P 的法向量;d 为坐标原点到局部表面 P 的距离;p_i 为第 i 个采样点。

求解过程可以转化为对局部领域协方差矩阵 C 进行特征值分解,C 的最小特征值对应的特征向量即为 p_i 点对应的法向量,协方差矩阵 C 如式(4-3)所示。

$$C = \frac{1}{n} \sum_{j=1}^{n} (P_{ij} - \overline{P}_i)(P_{ij} - \overline{P}_i)^{\mathrm{T}} \quad (4-3)$$

式中:n 为采样点 p_i 邻近点个数;$\overline{P}_i$ 为 p_i 局部表面的重心;P_{ij} 为采样点 p_i 的第 j 个邻域点。设定 C 的 3 个特征值为 $\lambda_1 \leqslant \lambda_2 \leqslant \lambda_3$,则最小的特征值 λ_1 所对应的特征向量即为采样点 p_i 的法向量 $\boldsymbol{n}_i$。

2. 隐式场构建及其可视化

根据设定的矿体模型精细程度,按照确定的格网大小将建模区域填充满立方体,采用八叉树数据结构存储三维点及其对应的法向量,解析出 HRBF 系数,建立隐式场。此时,隐式场并不能够直接在计算机中显示出三维矿体模型,必须通过三维可视化算法将其转化为三维模型。行进四面体算法是渲染隐式曲面的一种方法,即将空间立方体切分成 6 个四面体,每个四面体根据其节点属性分割为两个子多边形。图 4.4 共有 7 种分割方式,每个子多边形根据其节点属性将其表面渲染成不同颜色,最终实现隐式场可视化。具体算法如流程 3 所示(表 4.3)。

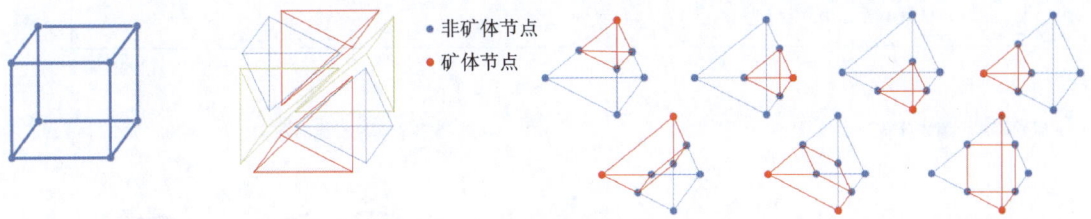

图 4.4　行进四面体算法示意图

4.4　实验和结果分析

4.4.1　实验数据介绍

基于 4.3 节介绍的建模流程,针对某矿区矿体轮廓线数据开展三维矿体建模实验。实验区域共包含 8 条矿体轮廓线,分布在长 991m、宽 823m、高 282m 的空间区域中,原始轮廓线分布及对应形态如图 4.5 所示。

表 4.3　流程 3：隐式场构建及其可视化流程

流程 3：隐式场构建及其可视化流程
输入：矿体轮廓线边界点及其法向量，模型精度大小
输出：三维矿体模型
1：按照模型精度大小设定三维空间格网大小，利用三维空间格网填充满建模区域 P，每个格网为 P_i，每个格网结点 P_{ij}，格网节点对应的函数值为 Q_{ij}；
2：利用边界点及其法向量解析 Hermite 型径向基函数 $F()$；
3：for i to P do
4：　　for j to P_i do
5：　　　　$Q_{ij}=F(P_{ij})$；
6：　　end
7：end
8：//行进四面体算法，记格网显式化点集合为 T，形成三角面片为 $E()$；
9：for i to P do
10：　　for j to P_i do
11：　　　　if $Q_{ij}<=0$
12：　　　　　　$T+=P_{ij}$；
13：　　end
14：　　$E(P_i)$；
15：　　end
16：end
17：return 三维矿体模型；

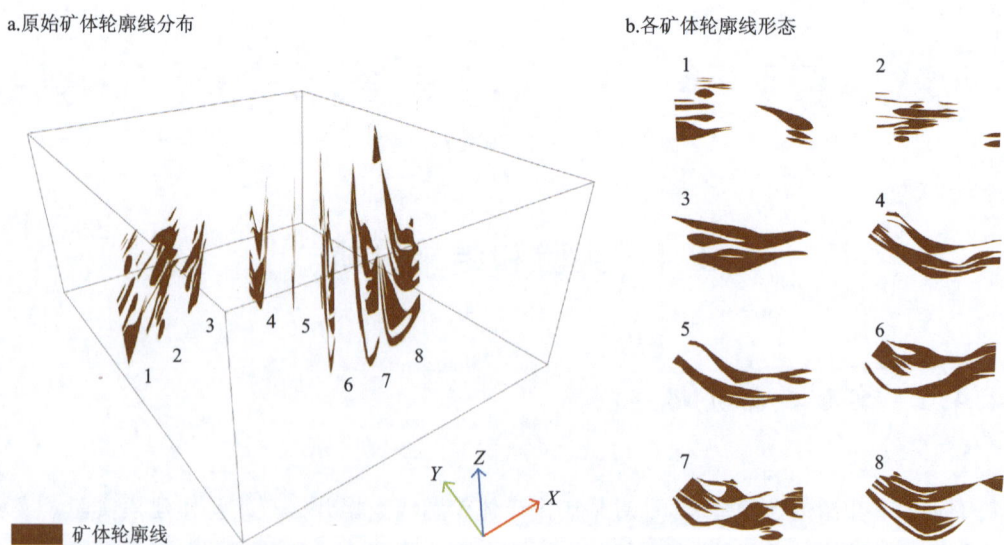

图 4.5　原始矿体轮廓线分布图

4.4.2 矿体模型构建

针对该工程案例,采用 Python3.6、C♯以及 C++编程语言,结合 Scikit-learn 机器学习包和 MapGIS 10.5 软件平台,利用某区域矿体轮廓线数据完成原始数据处理、Stacking 模型训练、隐式场建立等,最终建立三维矿体模型。

按照上述方法对矿体轮廓线进行样本集建立,进行 Stacking 模型训练时采用网格搜索法进行参数优化。网格搜索法通过系统地遍历预定义参数空间内的所有可能组合,来寻找最优参数配置。这种方法确保了在参数空间内不存在未被探索的区域,从而有效避免了局部最优解的风险。网格搜索法参数寻优区间及寻优结果如表 4.4 所示。在完成模型训练后,利用表 4.5 中的 F1 分数(F1 score)对 Stacking 集成策略模型进行评价。由 F1 分数可知,对于矿体类别分类结果,Stacking 模型分数高出其他分类器 3% 以上;对于岩石类别分类结果,Stacking 模型分数高出其他分类器 2% 以上,均达到最佳性能。轮廓线数据形态复杂,训练数据中表征矿体类别和岩石类别点云数据分布不均,导致 Stacking 预测岩石类别性能比预测矿体性能高。总体来说,Stacking 集成策略模型达到了最好的分类效果。最终,利用 Stacking 模型每隔 60m 预测矿体分布的点云切面,建立均匀密集的空间点云数据集,如图 4.6 所示。以 10m 为间隔提取边界点以及对应法向量,建立 12m×12m×5m 为单元尺度大小的空间网格,建立 Hermite 型径向基函数隐式三维矿体模型,利用行进四面体算法完成三维矿体模型的显式化,建模结果如图 4.7 所示。

表 4.4 Stacking 集成策略各分类器超参数信息

	分类器	超参数	参数值	搜索范围
Stage 1	RF	max_depth	15	(1,50)
		Criterion	'gini'	—
		n_estimators	300	(200,300,400)
	KNN	n_neighbors	3	(1,11)
		Weight	'uniform'	('uniform','distance')
		Algorithm	'auto'	—
	XGBoost	learning_rate	0.3	(0.1,1)
		max_depth	6	(1,10)
		n_estimators	100	(50,100,150,200)
Stage 2	XGBoost	learning_rate	0.3	(0.1,1)
		max_depth	6	(1,10)
		n_estimators	100	(50,100,150,200)

表 4.5 各分类器 F1 分数(F1 score)对比情况

类别	度量	RF	KNN	XGBoost	Stacking
矿体	Precision	0.92	0.82	0.84	0.88
	Recall	0.64	0.79	0.62	0.79
	F1 score	0.75	0.80	0.72	0.83
岩石	Precision	0.87	0.92	0.86	0.92
	Recall	0.98	0.93	0.95	0.96
	F1 score	0.92	0.92	0.90	0.94

图 4.6 空间点云数据集

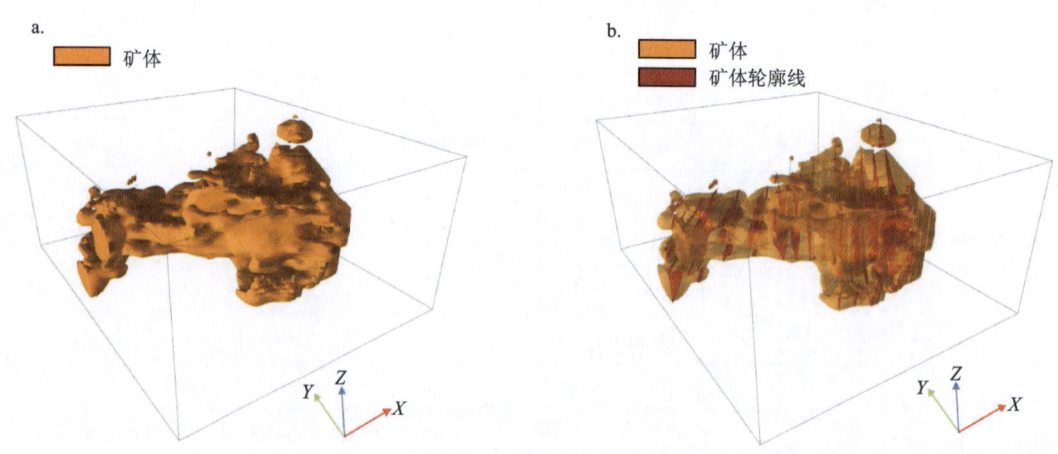

图 4.7 建模结果图

4.4.3 建模方法对比及分析

本章采用经典径向基函数曲面重建算法、显式建模方法(轮廓线拼接法)、传统插值方法(简单克里金插值)分别建立模型。从图 4.8 所示的模型整体几何形态、图 4.9 所示的轮廓线相似度及图 4.10 所示的模型体积 3 个方面,对不同模型的几何质量、模型产状的准确度及矿体赋存情况进行对比分析,从而验证所提方法的有效性。这 3 个图均采用了相同的编号设置,以便于对比分析。

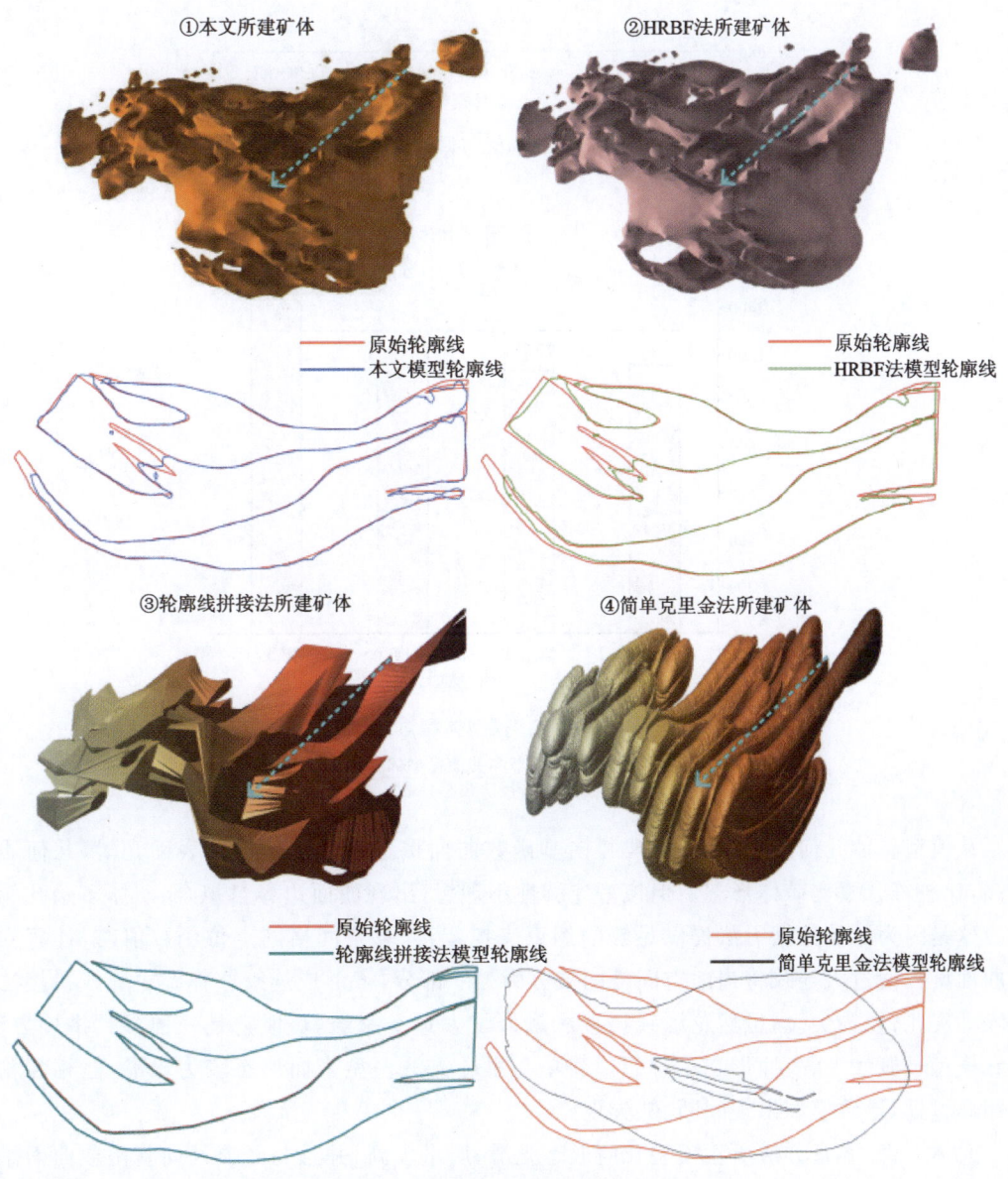

图 4.8 不同方法所建矿体模型图

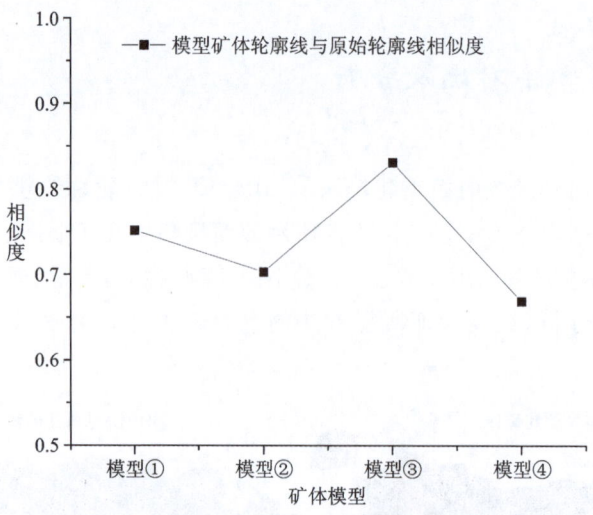

图 4.9 模型所切轮廓线与原始轮廓线相似度

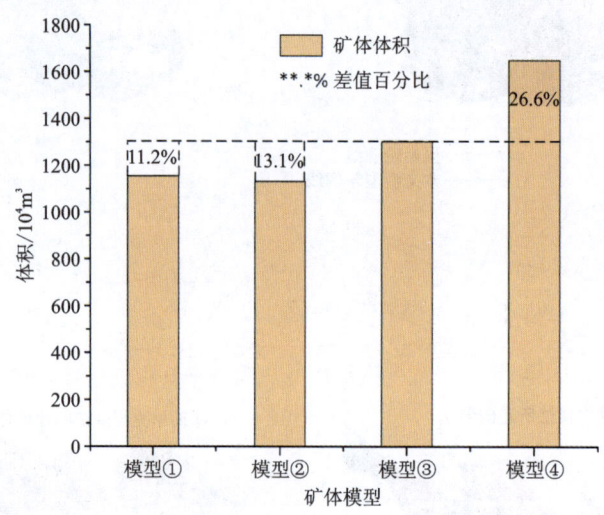

图 4.10 矿体模型体积对比图

注:差值百分比计算公式:$\dfrac{\text{轮廓线拼接法模型和其他模型体积之差}}{\text{轮廓线拼接法模型体积}} \times 100\%$(保留一位小数)

  从模型整体几何形态来看,经典径向基函数曲面重建算法所建模型表面光滑,几何质量较高,比较符合真实矿体形态。但模型连续性不理想,出现曲面边界自拟合、矿体多余孔洞现象。这是因为原始数据无法提供足够的约束支撑,当计算空间格网点位函数值时,计算立体方曲面函数值过大导致将当前空间格网被分为另一部分,未形成连续整体。轮廓线拼接法模型表面突兀,较为尖锐,虽然轮廓线拼接法融入了大量专家经验,但它是一种"硬"拼接方法,导致模型过渡性差、表面形态不理想。简单克里金方法模型表面形态较为光滑,但相邻轮廓线距离过远,导致模型出现间断、缺失现象。

  总体而言,本章方法所建模型几何形态光滑、质量较高,并且与经典径向基函数曲面重建算法所建模型相比,连续性有所提升。

随机选取一条原始数据中轮廓线与4种模型相同位置所提取矿体轮廓线(蓝色箭头所指)进行相似度对比,如图4.8所示。采用VGG16神经网络法计算原始轮廓线和模型提取轮廓线之间相似度,计算结果如图4.9所示。从图4.9可以看出,轮廓线拼接法模型所切轮廓线与原始轮廓线相似度最高,达到83.1%,在轮廓线控制的区域能够完全反映矿体的产状;简单克里金方法对应的轮廓线相似度最低,其进行插值时模型内部受到复杂轮廓线形态影响,导致内部插值点位准确率较低。本章的方法和经典径向基函数曲面重建算法都能较好地反映矿体产状,这是由于径向基函数计算时能够受到数据的强约束,能够在复杂几何形态的轮廓线条件下建立符合约束的模型。但本章建立模型与原始轮廓线相似度优于经典径向基函数曲面重建算法模型,轮廓线相似度达到了75.14%。这是由于本章采用了Stacking算法建立均匀密集的空间点云数据集,改善了原始数据稀疏导致的曲面边界自拟合和不连续的现象。

矿体模型体积以及与显式模型的差值百分比如图4.10所示。可以看出,以专家人工控制的显式模型作为基准,本章所建矿体体积与显式模型体积差距相差11.2%,差距最小;简单克里金法所建矿体与其显式模型体积差距为26.6%,差距最大。所建矿体模型基本达到由人工控制得到的矿体赋存要求,能够反映出矿区具体储量。

4.5 本章小结

本章针对传统的机器学习建模方法使用单一分类器的不足,提出了一种Stacking+RBF的三维地质建模方法。该方法能够利用Stacking集成策略建立起均匀密集反映矿体形态的点云数据集,为隐式场的建立提供强力有效的约束,降低矿体建模中采用径向基插值方法对原始数据的高要求。与传统方法相比,本章方法建立的模型能够减少曲面边界自拟合现象,减少模型多余孔洞,提高模型的连续性;模型所切轮廓线与原始轮廓线相似度达到75.14%,在隐式建模方法建立的模型中达到最高,所建模型符合矿体实际产状;体积与专家控制的显式模型的差距达到最低11.2%,所建模型满足矿体赋存。同时,本章方法过程中较少的人工参与能够在原始数据稀疏的情况下快速建立起连续性更高的三维矿体模型。但是对于轮廓线数据过于复杂且形态细小的地方,模型难以拟合,导致模型出现一些独立的部分出现,需要后续添加一些额外约束或者进行手动修改,加入专业人员的经验,以保证更高的模型质量。

第 5 章 一种多规则约束的三维地质建模方法

前文的研究证明了 Stacking 方法对矿体局部特征表达的有效性,但其在对地下空间整体形态的刻画方面仍存在不足。传统方法多采用离散的空间位置特征,未能充分整合全局尺度下的垂直和水平特征,对地质结构的整体理解不够全面。本章提出了一种多规则约束的三维地质建模方法,旨在融合地质结构的垂直和水平特征,以获取对地质体的全局认识。此方法通过引入空间关联规则和地质约束条件,使得模型不仅在局部特征上表现出色,还能在全局形态表达上取得突破。通过对传统 Stacking 方法进行改进,该方法显著提升了建模的准确性和可靠性。这不仅解决了传统方法在整体形态表达上的不足,也为后续多视图数据融合提供了新的研究方向,为复杂地质环境的建模奠定了基础。

5.1 研究动机

随着地质勘探向更深层次和更复杂结构的非常规区域发展,对三维地质模型精细化程度的要求日益提高。然而,地质勘探数据的多样性和地质现象的复杂性使得三维地质建模的精细化研究面临巨大挑战。现有的机器学习建模方法大多数依赖于离散的钻孔和地球物理等数据来预测空间中局部点位的岩性类别,忽视了对地下空间整体形态特征的考虑。这些数据往往集中于局部密度高、体积小的区域内,具有稀疏、不完备的特点,很难推断对地质对象的整体认知。针对上述问题,本章提出了一种多规则约束的三维地质建模方法。首先,从垂直和水平两个维度,分别提取全局分层特征和全局趋势特征。这种方法通过详细分析地质剖面垂直方向上的分层特征,以及地层水平方向上的趋势特征,构建出更为全面的地质结构模型。其次,在 Stacking 方法中引入自注意力(Self-attention)机制,以提高算法模型对多维数据中有效特征的捕获能力。这种机制能够在数据处理过程中自动关注关键特征,提高模型的灵活性和准确性。通过这种改进的集成机器学习方法,最终实现高精度的岩性预测和三维地质建模。这种多规则约束的方法不仅解决了传统方法在整体形态表达上的不足,还为后续多视图数据融合提供了新的研究方向,从而为复杂地质环境的建模奠定了基础。引入空间关联规则和地质约束条件,不仅使得模型在局部特征上表现出色,还能在全局形态表达上取得突破,从而显著提升建模的准确性和可靠性。

5.2 技术路线

为了克服传统 Stacking 只考虑单一特征，且利用少量的采样数据很难推断出地质目标的全局认知的问题，并量化不确定性，本章提出了基于多规则约束的三维地质建模方法。其技术路线如图 5.1 所示，主要分为 3 个步骤。

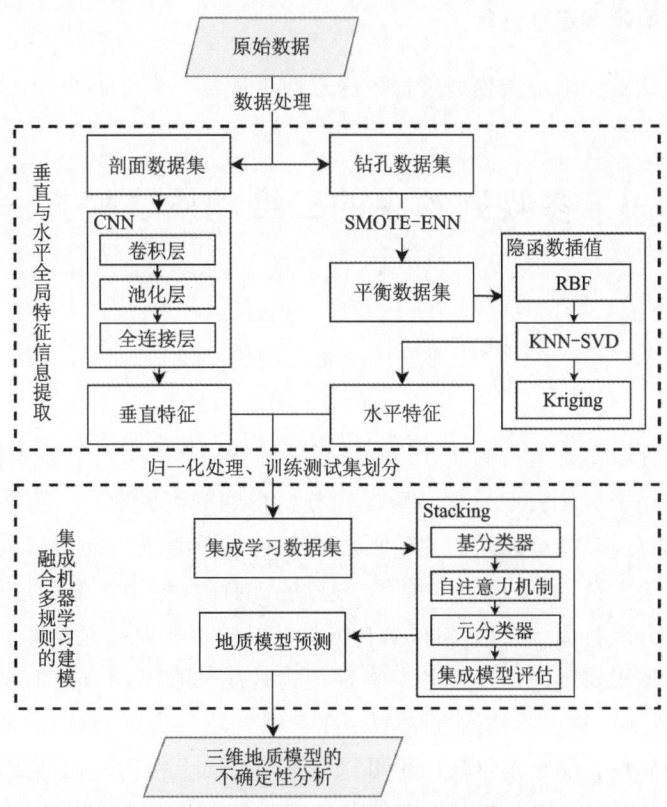

图 5.1　基于多规则约束的集成学习三维建模技术路线

1. 全局特征提取

对于不同维度的全局特征提取，需要构建对应的数据集。例如在垂直特征提取过程中需要构建地质剖面的二维图像数据集，在水平特征提取过程中需要构建钻孔数据的离散点数据集。

基于剖面数据集，利用 CNN 对地质剖面进行卷积来提取不同地质体的地层邻接关系特征，完成垂直维度上的全局分层特征提取。基于钻孔数据集，通过 SMOTE-ENN 算法平衡稀疏数据后，利用隐函数技术对平衡数据进行插值来提取不同地质体在水平方向上的法向量特征，进而构建空间各向异性场模型，完成水平维度上的全局趋势特征提取。最后通过指定具体的地质空间点位坐标,得到该位置垂直和水平两个维度的全局特征信息。

2. 融合多规则的集成机器学习模型

首先,将空间位置特征数据与第二步提取的全局特征数据共同构成集成学习数据集,将其分为80%训练数据集和20%测试数据集。其次,采用自注意力的Stacking集成方法进行训练。然后,通过测试集对集成学习模型进行精度评定,获得最优集成学习模型。最后,使用最优集成学习模型预测三维地质模型,完成三维地质建模。

3. 三维地质模型不确定性分析

通过计算香农熵对三维地质模型进行不确定性评估。

5.3 多规则约束的三维地质建模方法

5.3.1 全局地质特征提取

全局地质特征提取主要包括剖面分层特征提取和空间各向异性特征提取。首先,剖面分层特征提取主要利用了对先验地质模型解译和分析得到的剖面数据。剖面数据作为典型的地质数据,涵盖地质分布、构造、岩性等多方面内容,还以垂直剖面的形式直观展示不同深度或距离上的垂直分层特征,即地层邻接关系。通过从剖面数据中提取地层邻接关系,可以获得垂直维度的全局分层特征。其次,空间各向异性特征提取则是通过构建三维地质体空间各向异性特征的场模型来实现的。地质各向异性是指地质体在不同方向上表现出不同的物理或化学性质,用于描述结构连续性的方向[73]。在三维地质建模中,法向量被用来表达地质体几何形态上的各向异性特征。由于法向量可以在不同方向上指向不同的点,因此能够反映出地质体的方向性趋势特征,进而被视为空间各向异性特征。通过钻孔地质数据获得离散点集,构建三维地质体空间各向异性特征的场模型,可以获得水平维度上的全局趋势特征。这两类特征提取方法将分别在5.3.1.1小节和5.3.1.2小节中详细阐述。

5.3.1.1 剖面分层特征提取

首先,剖面分层特征提取基于对先验三维地质插值模型进行解译和分析得到的地质剖面数据集,它反映了研究区域地下空间的纵向地质分布。其次,通过卷积神经网络对剖面数据集中的二维剖面图像进行特征提取,获得剖面在垂直方向上的全局分层特征信息。使用这种方法,可以从过去的工程经验中自动学习先验地质知识,从而获得垂直特征向量。

第5章 一种多规则约束的三维地质建模方法

1. 剖面数据集构建

本实验以先验三维地质插值模型为数据源获得三维剖面,将其转换为二维横截面,得到二维剖面图像,进而构建二维剖面图像训练数据。其中先验三维地质插值模型是通过地层连通性的先验知识获得的已知模型。这种为了训练而应用先验地质剖面的方法,是基于在具有类似地质背景地区土壤之间存在类似的局部空间连通性或地层关系的假设,或者根据地质研究人员对当地地质形成过程的了解使用基于过程的模型来构建训练图像[99]。

三维网格模型(3D Grid Model)是将三维空间中的物体划分为规则网格的模型。本章基于三维网格模型进行研究,每个网格构成了地质体的体素[100],其不同的属性代表了各类地质单元。图5.2a为无属性的三维网格模型,图5.2b则是被赋予地质属性的三维网格模型。

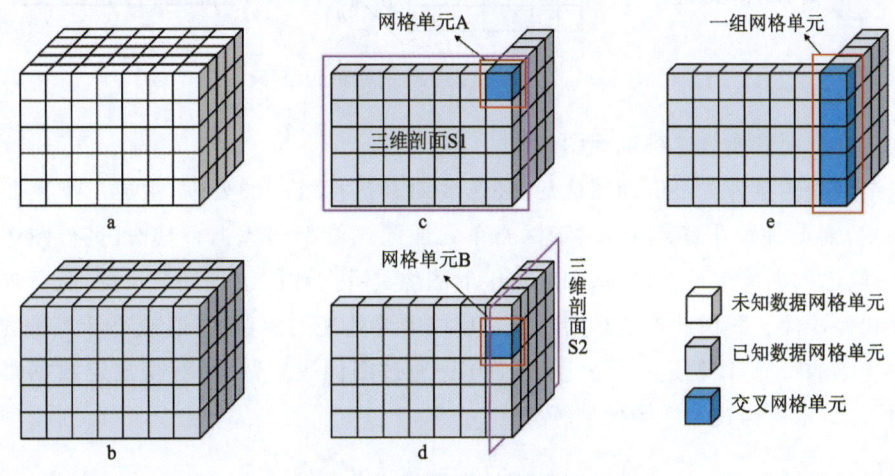

图5.2 网格单元三维剖面匹配

本小节主要目的是从先验地质模型中提取地质剖面数据,进而获取全局垂直特征。如图5.2c和图5.2d所示,以网格单元A为例,首先,以A为交叉网格节点选取两个相互垂直的三维剖面S1和S2作为该网格单元所匹配的剖面数据;其次,通过图像数据导出得到对应的二维地质剖面图像数据S1TD和S2TD。同理,网格单元B也能够采集到相同的S1TD和S2TD,如图5.2d所示。因此,本实验将具有相同X、Y坐标的网格单元划为一组,如图5.2e,每组匹配的三维剖面数据相同。

上述为单个网格单元匹配地质剖面图像,还需要为三维网格模型中的每一个网格单元进行二维剖面图像匹配,如图5.3所示,分别从两个维度进行三维剖面的采集,完成网格单元剖面匹配。

首先,将已知三维地质模型从两个特定方向维度分别进行三维剖面采集,如图5.3b和图5.3c所示,分别采集了m和n条三维剖面数据,并依次进行编号。其次,以图5.3d表示的平面系统进行网格单元编号,编号规则为"$m-n$"。其中"m"和"n"分别代表了每个网格单元从两个与剖面采集相同方向进行排序的编号。如图5.3e所示,定义了每个网格单元的编号。本章中每个网格单元编号都代表一组网格单元。最后,通过网格单元编号匹配三维剖面,并

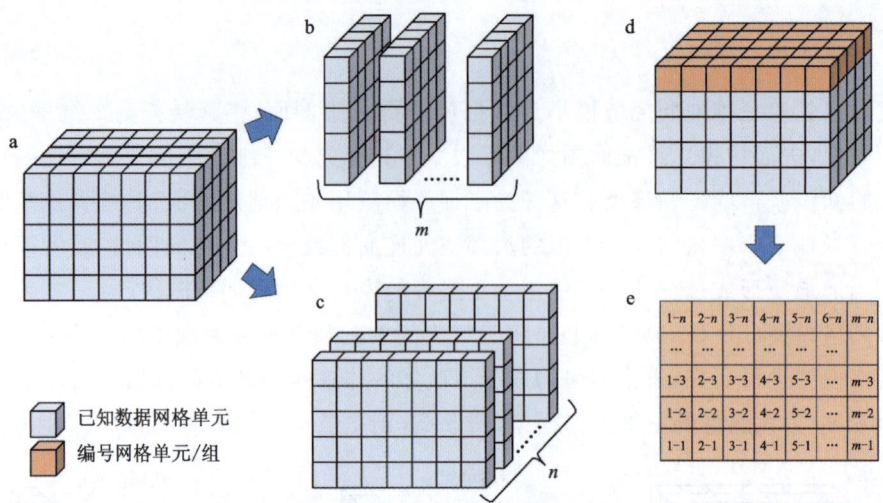

图 5.3 三维剖面采集与网格单元编号

将采集的三维剖面转换为二维剖面图像。

将三维剖面转换为二维剖面图像后,还需要对其进行统一的处理,生成二维剖面图像数据集。首先,需要保留采集编号,用于网格单元匹配二维剖面数据。其次,进行图像尺度匹配,大小为规定的训练集尺寸,确保训练集中的图像具有一致的纹理细节尺度,从而提高模型的准确性和鲁棒性。图像处理的最终目的是压缩需要处理的图像区域,减小计算量的同时并突出图中物体的特征,以便进行下一步的工作。通过图像集中裁剪,获得规定数据集尺寸的二维剖面图像,从而构建二维图像训练集。

2. 基于卷积神经网络的地质分层特征的提取技术

本小节基于上述二维剖面图像数据集,利用卷积神经网络对地质剖面图的特征进行提取,以获得剖面在垂直方向上的全局分层特征。其中,输入数据为二维地质剖面图像数据,CNN 能够从该地质剖面图像数据中有效捕捉剖面在垂直方向上的分层特征。

图 5.4 为本章进行垂直特征提取的卷积神经网络结构,首先将地质剖面图进行编码,然后在卷积层和池化层进行特征提取。其中,池化结果保持了输入数据模式的位移不变性,对图像的扰动更有鲁棒性[101]。提取的特征通过全连接层进行输出扁平化,获得 1×300 的一维特征向量,即目标地质剖面图特征向量。该向量为融合多规则的集成机器学习模型的特征输入。

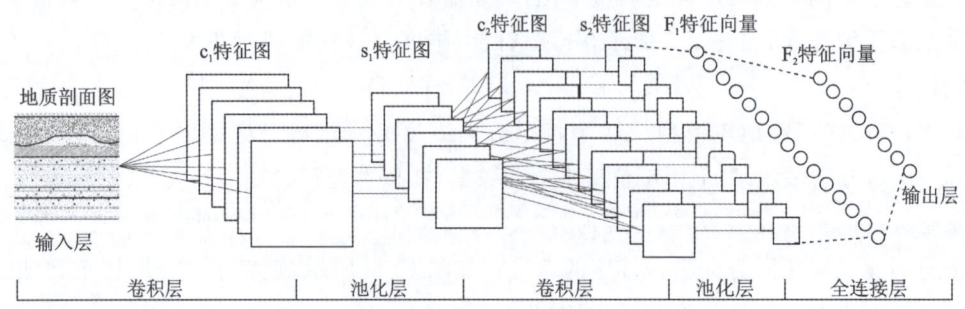

图 5.4 地质特征提取的卷积神经网络结构

在卷积神经网络中,采用具有边缘检测能力的过滤器作为卷积核来识别土壤沉积物之间的地层关系。地质剖面往往是真实复杂地质条件的简化表示,而每个简化的地质剖面所包含的土壤类型数量有限,只有沿地层边界分隔不同土层的点承载着重要的地层信息。通过地层边缘监测,获得剖面在垂直方向上的全局分层特征。

模型使用3×3空间导数滤波器,通过卷积运算从训练数据中提取具有有用地层信息的训练块,这种方法使得任意点的地质类别与最相邻的地质类别最为相关。其中,每个模拟斑块内各点之间的空间地层关系直接从训练数据中学习获得。通常,滤波器是训练图像通过传统CNN模型训练自动学习的,由于该方法只有一幅训练图像,而且提取的训练块不足以训练出性能良好的滤波器,所以直接将滤波器指定为空间导数滤波器,使用适应于给定模拟斑块的滤波器迭代提取训练截面中模拟斑块周围的典型空间特征[99]。

使用离散拉普拉斯卷积滤波器(常用于需要精确边缘检测的场景)提取空间特征,该滤波器是第二个空间导数的二维各向同性度量[102],可以用来突出强度快速变化的区域(即不同物体之间的过渡或边界)。在数学上,像素强度值为I的图像,其拉普拉斯式$L(h,v)$可以通过以下公式来估计

$$L(h,v) = \frac{\partial^2 I}{\partial h^2} + \frac{\partial^2 I}{\partial v^2} \tag{5-1}$$

式中:h代表水平距离;v代表垂直深度;像素强度I表示土壤类型,其索引为整数。

对于离散域,使用的拉普拉斯滤波器简化如下

$$\begin{bmatrix} 0 & 1 & 0 \\ 1 & -4 & 1 \\ 0 & 1 & 0 \end{bmatrix} \tag{5-2}$$

由拉普拉斯滤波得到的非零褶积值指示了不同地层边界之间的边缘位置。

将单个滤波器与训练图像进行卷积,构造出与给定网格比例尺相对应的特征图,然后采用特征池化层过滤不重要的地层关系。卷积特征图中的零值本质上是指远离地层边界的训练斑块,因为原始感受野内(原始感受野指的是图像处理中CNN的感受野,即它是卷积层中神经元能够感知的输入图像区域)的对应点填充有相同的地质类型。所以采用非零池化层,仅保留卷积特征映射中的非零值。在识别出特征映射中的所有非零卷积值后,可以生成一个能够被计算机成功识别的抽象特征图。

通过全连接层后被扁平化为一维(1D)向量,该结果被直接作为垂直特征向量输出,其中扁平化被定义为将一系列二维(2D)特征映射转换为一维向量的过程。由于在卷积和池化操作过程中保留了局部的空间依赖性质,压平后的结果[指的是将二维(2D)特征映射通过扁平化操作转换为一维(1D)向量之后的结果]正确地保留了空间连通性和地层关系[103]。最后通过网格单元剖面匹配,将得到的两组一维垂直特征向量匹配到对应编号的网格单元作为该网格的全局垂直特征。

5.3.1.2 空间各向异性特征提取

在不同的应用环境中,为了满足模型对全局趋势与地质关系间不同要求的需求,通常需

要设计特定的地质约束规则。本小节提出了一种面向水平方向的全局趋势特征提取方法,以确保地质空间延伸方向的准确性和连续性,更好地适应地质界面起伏的变化。总体技术路线如图5.5所示。

如图5.5所示,地层水平方向上的全局趋势特征提取包含以下4个部分:①数据平衡;②地质等值界面空间各向异性特征提取;③空间各向异性特征场模型构建;④三维可视化。

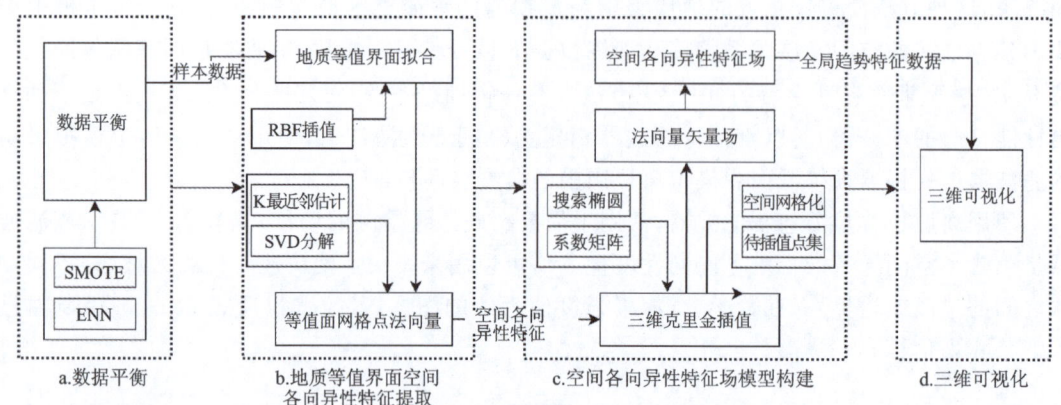

图5.5　水平方向的趋势特征信息提取过程

1. 数据平衡

如图5.5a所示,首先进行数据平衡。由于地质条件和探勘技术的限制,在地质勘探过程中无法获得完整、均衡和规律的地质数据,导致所建的模型具有很大的不确定性[104]。在地质钻孔数据集里,不同类别岩性或者地质样本的数量通常是不平衡的,带有倾斜分类比例的分类数据集不仅会影响模型性能,还会对样本数据稀疏区域造成更大的不确定性。本章使用SMOTE‐ENN(Synthetic Minority Over‐sampling Technique combined with Edited Nearest Neighbors)来处理不平衡的数据集[105],有效地解决了数据样本不平衡问题引起的类别差分问题,并生成了规律、均匀的数据集,为更加准确、精细地提取全局水平特征提供了更好的数据基础。

采用的SMOTE‐ENN算法如图5.6所示。

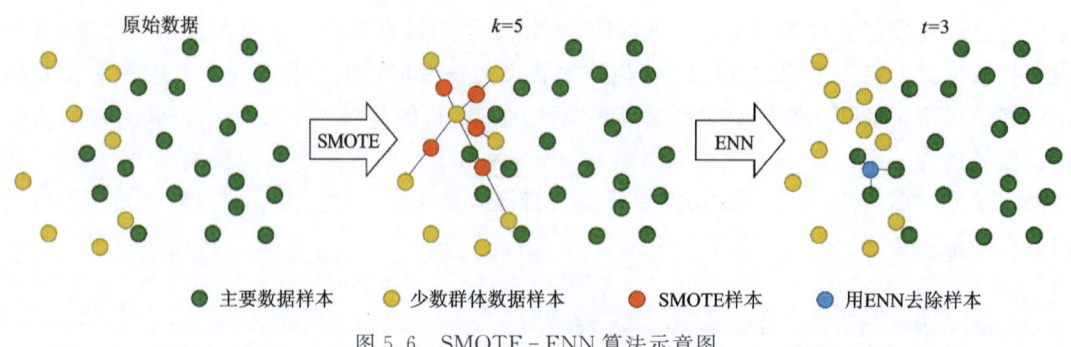

图5.6　SMOTE‐ENN算法示意图

首先,设所有钻孔样本集为M,少数地质类样本数据集为N。过采样算法(Synthetic

Minority Over-sampling Technique,SMOTE)随机选择了少数地质类样本N_i的k个最近邻的样本N_k。其次,在特征空间中随机选取N_k和N_i之间生成少数地质类的新合成样本N_{new},如下式所示

$$N_{new} = N_i + rand(0,1) \times |N_i - N_k| \qquad (5-3)$$

式中:$rand(0,1)$表示的是0到1之间的随机数。

相较于直接复制少数地质类样本的方法,SMOTE在不平衡分类问题中表现得更为有效。然而,通过SMOTE生成的新的少数地质类合成样本可能会在特征空间中与原始的多数地质类样本重叠。这些重叠区域中的合成样本可能会引入噪声数据,进而影响机器学习模型的性能。为了解决这个问题,使用欠采样(Edited Nearest Neighbors,ENN)算法对生成的合成样本进行欠采样操作,以消除重叠区域中产生的噪声情况。通过ENN算法考虑地质样本周围的近邻地质样本类别来判断该地质样本是否应该被保留。首先,对每个要进行欠采样类别中的地质样本,即式(5-3)中新合成样本N_{new},计算其最近邻样本M_t。其次,如果最近邻样本M_t的地质类别与当前地质样本的地质类别不一致,则将当前地质样本N_{new}从数据集中删除。在ENN算法处理数据集的过程中,它会识别并删除那些与其邻近样本地质类别差异较大的地质样本。例如,图5.6中的蓝色样本,当$t=3$时,其样本周围均为不一致的地质样本,则删除。

2. 地质等值界面空间各向异性特征提取

如图5.5b所示,在经过数据平衡之后,本章采用RBF插值方法形成地质等值界面。采用K最近邻与奇异值分解结合算法(K-Nearest Neighbor combined with Singular Value Decomposition,KNN-SVD)估计地质等值界面网格点法向量,以获得地质等值界面水平趋势特征。法向量代表了每个点在全局上的变化情况,被视为空间各向异性特征,判断了地质体走向,从而实现水平趋势规则约束。因此,空间各向异性特征提取方法的本质是地质体法向量的求解。具体过程分为两个部分:地质等值界面拟合和离散点的法向量计算,如图5.7所示,其中局部平面拟合和法向量求解共同完成地质等值面网格点法向量计算。

第一步,地质等值界面拟合。在提取水平特征的过程中,首先使用SMOTE-ENN方法平衡后的数据进行地质等值界面的拟合。地质等值界面是通过插值等值离散点拟合形成,本章采用RBF空间插值分析的方法将离散数据点转化为平滑且连续的拟合曲面,为数据点分布较差的高维地质数据集提供出色的插值。

如图5.7①所示,选取RBF插值算法对同一等值层不均匀分布的离散点进行隐函数插值,并在空间中均匀地填充地质网格单位[106]。

该算法形式为$s(x)$[107],公式如下:

$$s(x) = \sum_{i=1}^{N} \lambda_i \varphi(x, x_i) + p(x) \qquad (5-4)$$

式中:$X=\{x_1, x_2, \cdots, x_N\}$是一组不同的待填充网格插值中心;$\lambda_i$是权重系数,$\varphi(x, x_i)$是高斯径向基函数;$p(x)$是一次多项式。$s(x)$用于对钻孔层面数据进行插值的形式为

$$s(x_i) = d_i, \quad i = 1, 2, \cdots, N \qquad (5-5)$$

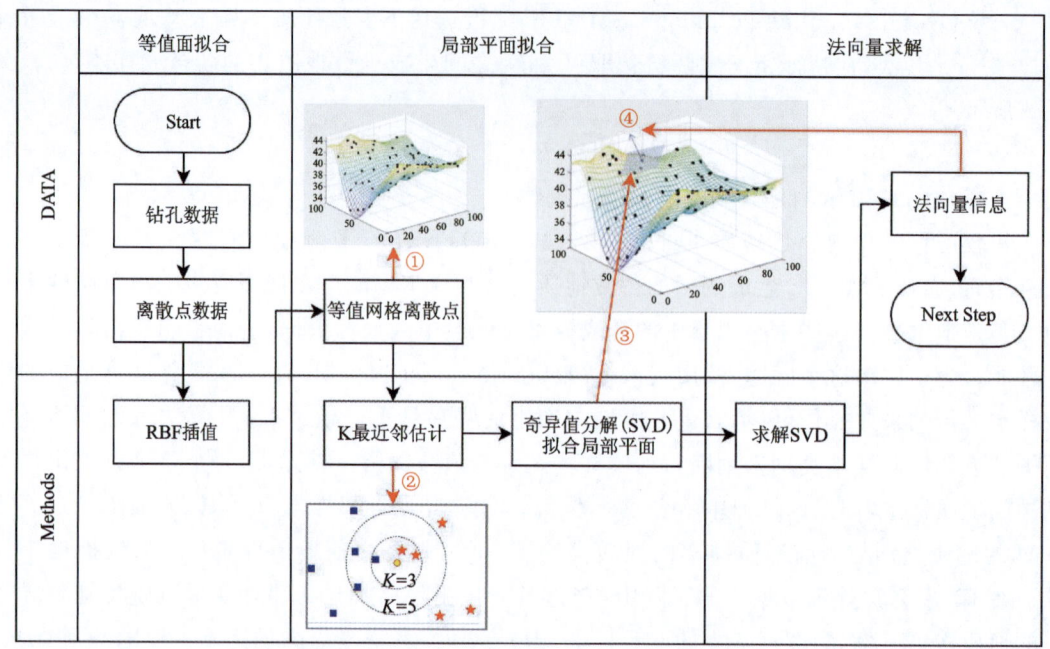

图 5.7 等值面空间各向异性特征提取过程

式中：d_i 是钻孔数据的函数值。此外应满足正交条件 $P^T\lambda=0$，相应的线性系统的插值条件形式为

$$\begin{bmatrix} A & P \\ P^T & 0 \end{bmatrix} \begin{bmatrix} \lambda \\ c \end{bmatrix} = \begin{bmatrix} d \\ 0 \end{bmatrix} \qquad (5-6)$$

A_{ij} 表示为

$$A_{ij} = \varphi(x_i, x_j) \quad i,j = 1,2,\cdots,N \qquad (5-7)$$

P_{ij} 表示为

$$P_{ij} = p_j(x_i) \quad i=1,2,\cdots,N \quad j=1,2,\cdots,Q \qquad (5-8)$$

未知系数可以通过求解线性系统 $\widetilde{A}\widetilde{x} = \widetilde{f}$ 来获得。

第二步，离散点的法向量计算。离散点的法向量计算包括局部平面拟合和法向量求解，如图 5.7 所示。通过使用 KNN-SVD 算法进行离散点法向量计算，进而得到地质等值界面所有网格离散点的方向特征信息，减少在地质预测过程中出现有违地质规律的情况。通过计算得到的法向量可以作为一般法向约束，一般法向约束可用于构造域中的趋势面约束。

首先对地质目标点进行 K 最近邻估计来确定一个领域，如图 5.7②所示，其距离 L_p 度量公式为

$$L_p(x_i, x_j) = \left(\sum_{l=1}^{n} |x_i^{(l)} - x_j^{(l)}|^p \right)^{\frac{1}{p}} \qquad (5-9)$$

式中：x_i、x_j 都属于 n 维实数向量空间 $\mathbf{R}^n$；$p=2$ 表示为欧式距离，也是本章中所用的距离度量算法。

选择合适的 K 值，搜索从地质训练样本中得到的 K 个与测试样本最相近的地质样本点

集。K 值越小,单个样本影响大,容易过拟合;反之,近似误差增大,但估计误差会减小。然后根据 K 最近邻算法获得同地质界面的地质样本点集,利用最小二乘法进行平面拟合来计算测试样本(目标点)的法向量。

再通过奇异值分解(Singular Value Decomposition,SVD)算法求解最小二乘问题来计算拟合平面。SVD 作为一种强大的矩阵分解工具,在数据降噪和特征提取方面展现出显著优势。如图 5.7③所示,拟合平面方程公式如下

$$ax + by + cz + d = 0 \tag{5-10}$$

式中:a、b、c 为平面参数,即特征向量。然后通过协方差 SVD 矩阵分解求得 e 如下

$$e = \sum_{l=1}^{n} d_i^2 \to min \tag{5-11}$$

所求得平面参数 a、b、c 即为特征向量,也就是平面法向量。该平面法向量代表着该离散点在此处的点法向量,如图 5.7④所示。重复上述两个步骤,最终获得每个地质等值界面离散点法向量,进而获得整个地质界面水平趋势特征。

其中,法向量正方向指向形状的外部,反方向指向形状的内部,在提取法向量后根据实际地质情况调整法线方向,使其指向均为构造面外部。为此,本章提出了一种算法用于法向量方向的判断与校正,该算法流程如图 5.8 所示。首先,对每个法向量的方向进行检测。若检测结果表明法向量方向为反向(即指向内部),则执行方向反转操作使其指向外部;若法向量已正确指向外部,则直接输出。最终,获得了一组符合实际地质构造要求的正向法向量数据集。

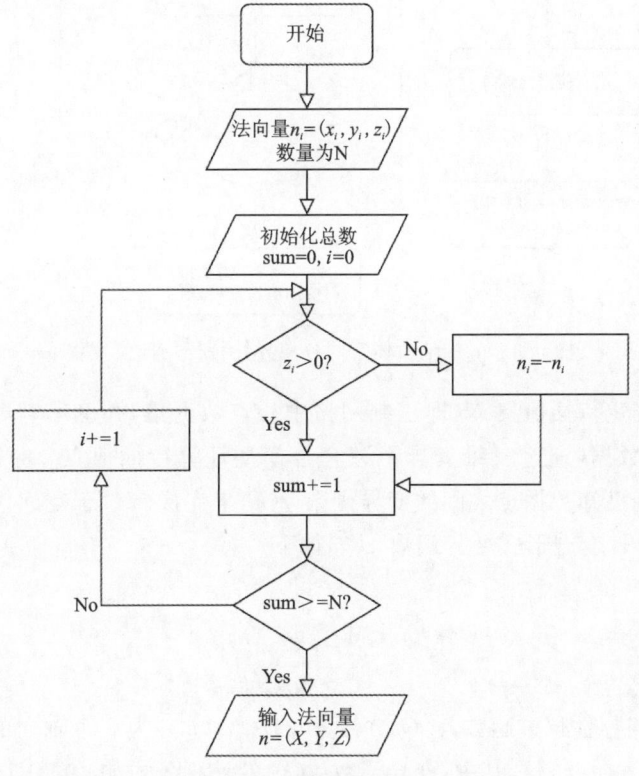

图 5.8 法向量正向算法示意图

3. 空间各向异性特征场模型构建

如图 5.5c 所示,本章通过对等值面法向量进行三维克里金插值,为整个地质体网格离散点赋予法向量特征,构建了空间各向异性特征场[43],从而实现对整个三维地质体方向趋势的约束。

如果在某一空间里每一点都对应着某个物理量的确定数据,那么可以说在这个空间中确定了该物理量的一个场。地质体水平趋势特征的提取,就是基于地质等值界面的法向量特征进行插值,使地质体中每个离散网格点都对应着一个确定的法向量,最终构建了法向矢量场,即空间各向异性特征场。空间各向异性特征场反映了地质体内部或表面法向量分布的空间变化特征,通过分析这些特征,可以获得关于地质体形态、构造特征、断裂面等方面的信息。通过在变异函数分析的基础上建立三维地质空间领域搜索,然后根据搜索域中的数据点进行三维克里金插值,完成空间各向异性特征场构建。设计的算法流程如图 5.9 所示。

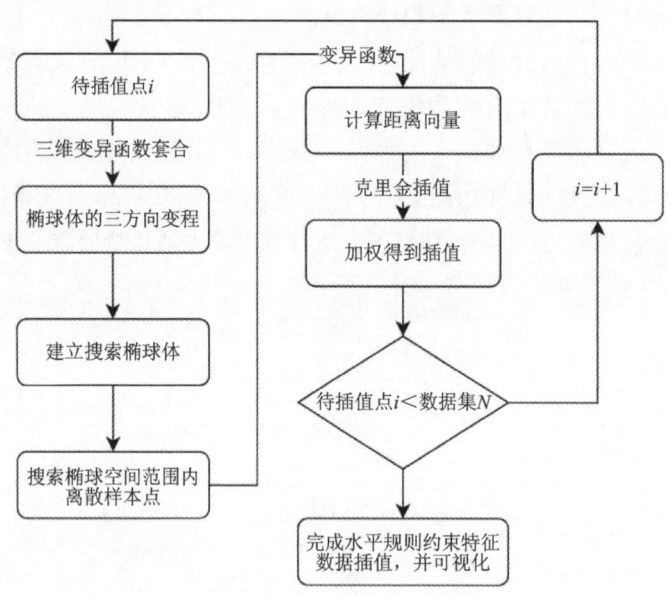

图 5.9 三维地质体空间各向异性特征场插值过程

第一步,首先确定待插值集 N,即三维网格中心点数据集,并确定椭球体的三方向变程。使用已知地质样本数据,通过三维变异函数套合模型计算待插值点 i 的系数矩阵和距离向量,这可以通过拟合已知数据点之间的变异函数 $\gamma(h)$ 来完成。对于空间两点,其距离向量为 (h_u, h_v, h_w),各向异性套合形式变异函数 $\gamma(h)$ 如下

$$\gamma(h) = W \cdot \begin{vmatrix} \gamma_u(h_u) \\ \gamma_v(h_v) \\ \gamma_w(h_w) \end{vmatrix} \tag{5-12}$$

式中:W 为轴向各向异性权重函数;$\gamma_u(h_u)$、$\gamma_v(h_v)$ 和 $\gamma_w(h_w)$ 为 3 个轴向的变异函数,由此确定搜索椭球体的三方向变程。其中,变异函数 $\gamma(h)$ 的计算公式如式(5-13)所示。

$$\gamma(h) = \frac{1}{2N(h)} \sum_{i=1}^{N(h)} [Z(x_i) - Z(x_i + h)]^2 \tag{5-13}$$

式中：$N(h)$ 是向量 h 相隔的点值对数目；$Z(x_i)$ 和 $Z(x_i+h)$ 分别为空间某位置 x_i 和与之相距 h 的空间某位置 x_i+h 的两个区域化变量。

第二步，建立三维地质空间搜索椭球体并搜索地质样本点。在大规模多源数据集的应用场景中，为确保克里金插值的高效性和准确性，每个待插值点均需选择恰当的搜索邻域。这一步骤是克里金插值过程中不可或缺的重要环节。在三维地质空间中，邻域搜索通常是通过搜索椭球来实现的。以三维网格中心为插值点，确定搜索椭球的中心坐标 (x_0,y_0,z_0)，并在 3 个轴向上设置椭球体的半径 a、b 和 c。这些半径与变异函数的 3 个轴向一致，并且不能超过各个轴向的变程 $\gamma_u(h_u)$、$\gamma_v(h_v)$ 和 $\gamma_w(h_w)$。搜索椭球体范围内的样本点记为 (x_i,y_i,z_i)，其条件为

$$\frac{(x_i-x_0)^2}{a^2} + \frac{(y_i-y_0)^2}{b^2} + \frac{(z_i-z_0)^2}{c^2} \leqslant 1 \tag{5-14}$$

这个条件公式表示了样本点 (x_i,y_i,z_i) 的坐标在搜索椭球体内部或边界上。如果该条件满足，说明样本点落在搜索椭球体的范围内。

第三步，为了确保计算的无偏性，采用普通克里金（Ordinary Kriging，OK）插值权重系数方程计算待插值点的系数向量。通过使用满足条件的样本点和待插值点的系数向量，计算待插值点的插值结果。

假设在三维地质网格中心未采样位置 u_0 处，即搜索椭球体的中心坐标 (x_0,y_0,z_0) 处，其附近有 n 个地质采样点 $\{z(u_1),z(u_1),\cdots,z(u_n)\}$，则 u_0 处的 OK 估计值写为

$$z_{OK}^*(u_0) = \sum_{i=1}^{n} \lambda_i^{OK}(u) z(u_i) + \left[1 - \sum_{i=1}^{n} \lambda_i^{OK}(u)\right] m \quad \forall u, u_0, u_i \in D \tag{5-15}$$

式中：$\{\lambda_i^{OK}(u), i=1,\cdots,n\}$ 表示 OK 的权重。

OK 估计器限制了权重之和，因此在估计中没有使用等式中的均值 m。为了获得最优权重并推导 OK 方程组，使用了拉格朗日乘子法。该方法调用拉格朗日参数 $\mu^{OK}(u)$，而且该参数解释了对权重的约束。OK 方差 $\sigma_{OK}^2(u)$ 公式见式（5-16），其中，$\sigma_{OK}^2(u)$ 在权重的约束下最小化。

$$\sigma_{OK}^2(u) = \sigma^2 - \sum_{i=1}^{n} \lambda_i^{OK}(u) C(u_i, u_0) - \mu^{OK}(u) \quad \forall u, u_0, u_i \in D \tag{5-16}$$

第四步，重复上述步骤，直到遍历所有待插值点，并输出插值结果。由此整个三维网格模型的每个网格都被赋予了空间各向异性特征，完成构建空间各向异性特征场，为本章三维地质建模研究提供了地层在水平方向上的全局趋势特征。

5.3.2 融合多规则的集成机器学习模型

本章研究的机器学习模型是以 5.3.1 小节中所提取的剖面在垂直方向上的全局分层特征和地层水平方向上的全局趋势特征为数据基础构建的。图 5.10 所示为本章研究的融合多

规则的集成机器学习模型工作流程图,传统 Stacking 模型在特征重要性识别方面存在显著局限,无法有效区别和筛选出关键特征,导致模型性能受限。为解决这一问题,本模型引入了自注意力机制,对第一层输出特征进行加权组合,从而提取重要特征,并计算各位置之间的关联程度,以提高分类器的性能。本节将详细介绍该模型的 3 个关键方面:①建模样本数据集的构建方法;②集成学习中的基分类器和元分类器;③基于 Stacking 的特征联合约束方法。

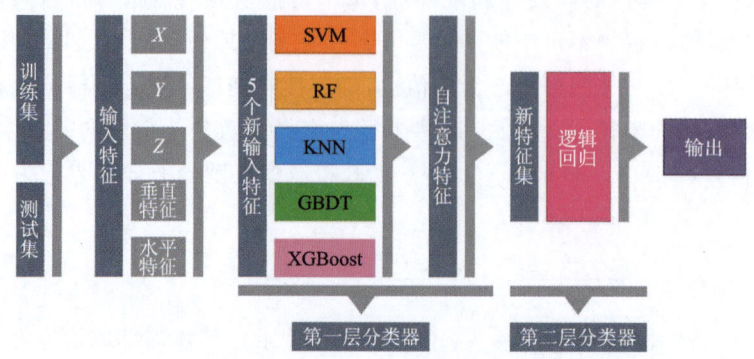

图 5.10　融合多规则的集成机器学习模型工作流程图

5.3.2.1　建模样本数据集的构建方法

通过将钻孔数据与三维网格模型进行相交操作,构建一个由多个网格单元组成的集成学习数据集,即将钻孔数据在三维空间中的位置信息与三维网格模型进行匹配和整合,从而实现数据的空间对齐。在此过程中,钻孔数据提供了空间位置信息和地质属性信息。通过 5.3.1 小节对多维度的全局特征进行提取,为三维网格模型中每一个网格单元赋予了垂直和水平两个维度的全局特征信息。因此,集成学习数据集包括空间点位坐标、剖面在垂直方向上的全局分层特征、地层在水平方向上的全局趋势特征以及地质类别标签。

对每类特征数据进行归一化处理,以消除特征数据幅度的影响,确保所有特征数据处于相同的尺度上。这一处理不仅避免了某些特征数据对模型训练的主导影响,还能降低模型的复杂度,抑制过拟合现象,提高模型的泛化能力。

接下来,将集成学习数据集以 8∶2 的比例划为训练集和测试集,以五折交叉验证的方式进行集成学习模型训练和测试。这种方法不仅可以提高模型评估的准确性和稳定性,增强模型的泛化能力,同时能够最大程度地利用数据。

5.3.2.2　集成学习的基分类器和元分类器

集成学习使用的基分类器为 SVM、RF、KNN、GBDT、XGBoost,元分类器为逻辑回归(Logistic Regression,LR),并通过贝叶斯超参数进行调优。其中,SVM 通过引入核函数、利用最大间隔原理以及支持向量的选择,能够正确划分地质训练数据集,并且构建最大几何间隔的分离最优超平面。RF 将多个决策树集成在一起,通过使用地质特征数据集 D_t 来训练第 t

个决策树模型$G_t(x)$。如图 5.11 所示,在训练每棵决策树的节点时,采用随机选择特征子集的方式,从节点上的所有地质样本特征中选择一个子集的地质样本特征,最终从 T 个弱学习器中得到票数最多的结果,将其作为目标地质类别。

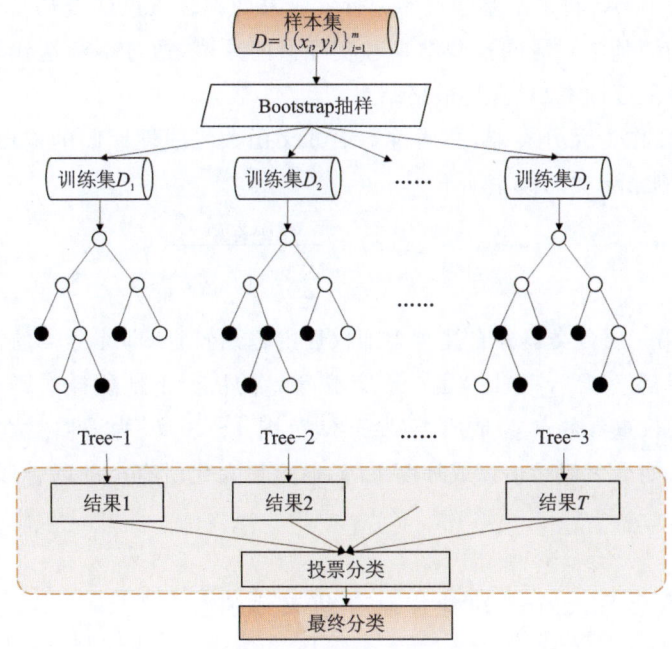

图 5.11 随机森林结构示意图

此外,还利用 KNN 将未知地质样本分配到 k 个最近邻样本中所占比例较大的地质类别中。同时通过 GBDT 将弱学习器合并为单一的强学习器,通过合并多个决策进行校正和改进来获得更稳健的集成树模型,以处理多维度的全局特征信息。如图 5.12 所示,GBDT 使用前

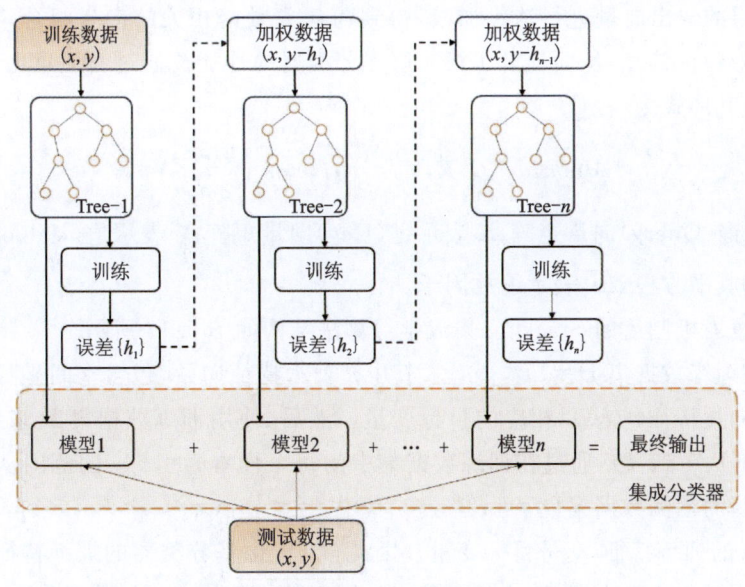

图 5.12 梯度提升决策树结构示意图

向分布算法,限制使用 CART 作为弱学习器,通过逐个生成决策子树来生成整个森林,并使用样本标记值和当前块预测值之间的残差来构建新的子树,逐步改善模型性能和预测能力,有效捕捉地质数据中的复杂特征信息。

接着,使用 XGBoost 将多个基学习器进行集成来处理多维度的全局特征。其中,每个后续学习器都学习前面基学习器的预测结果和实际值的差值,通过不断迭代累加,模型预测值与实际值之间的差距逐渐减小,获得最终结果。

最后,使用 LR 作为元分类器,并通过 Softmax 函数将线性回归的输出转换为概率。对于 k 个地质类别,则第 k 类的概率如下

$$P(y=k\mid x)=\frac{\exp(w_k x)}{\sum_{k=1}^{K}\exp(w_k x)} \tag{5-17}$$

式中:x 表示通过第一层分类器并自注意力加权后的输出特征,即元分类的输入特征,其包括地质样本的各种特征值;$P(y=k\mid x)$ 是在给定输入 x 的情况下地质样本属于第 k 类的概率;$w_k x$ 是第 k 类中的权重参数;k 为地质类别编号,范围 $1\sim K$;K 为地质类别总数。在训练阶段,使用优化算法,如最大似然估计或梯度下降,通过最大化所有类的联合似然函数来调整权重系数 w。

5.3.2.3 基于 Stacking 的特征联合约束方法

传统 Stacking 模型通常设计为两层结构,存在缺乏对第一层分类器输出特征进行重要性筛选的问题。因此,本小节针对该问题对传统 Stacking 模型进行改进,获得融合多规则的集成机器学习模型。

图 5.10 为改进的自注意力的 Stacking 集成学习模型,其中利用自注意力机制[108]对 Stacking 第一层的输出向量进行迭代加权,得到与任务紧密相关的向量组合,突显了多维度全局特征的有效特征信息,从而提升了第二层元分类器的性能。通过自注意力加权后的最终输出向量组合,其形式为

$$Attention(\boldsymbol{Q},\boldsymbol{K},\boldsymbol{V})=softmax\left(\frac{\boldsymbol{Q}\boldsymbol{K}^{\mathrm{T}}}{\sqrt{d_k}}\right)\boldsymbol{V} \tag{5-18}$$

式中:$\boldsymbol{Q}$ 表示查询(Query)向量矩阵;$\boldsymbol{K}$ 表示键(Key)向量矩阵;$\boldsymbol{V}$ 表示值(Value)向量矩阵;d_k 表示向量维度,其平方根 $\sqrt{d_k}$ 表示缩放因子。

加入自注意力机制后的 Stacking 集成学习算法结构如图 5.13 所示。

首先,给定训练数据集 $D=\{x_i,y_i\}_{i=1}^{m}$,其中 x_i 表示特征向量,包含空间坐标特征、垂直向量特征和水平向量特征,y_i 表示相应的目标变量。然后,使用训练数据集 D 来训练每个基分类器 h_t(t 的范围从 1 到 T),通过在训练数据集中的每个样本索引 i(i 的范围从 1 到 m)上进行迭代来构建新的预测数据集 $D_h=\{x'_i,y_i\}$。其中,$x'_i=\{h_1(x_i),\cdots,h_T(x_i)\}$,$h_i(x_i)$ 是基分类器 h_t 对样本 x_i 的训练特征,y_i 是目标变量。因此,D_h 包含基分类器的训练特征,并将其作为新特征向量输入到自注意力层 $A(x_i)$ 进行注意力加权,进而构建加权数据集 $D_w=\{x''_i,y_i\}$。

```
算法集成多规则约束的 Stacking 算法
1:Input:训练数据 $D=\{x_i,y_i\}_i^m=1$
2:Output:集成分类器 $H$
3:Step 1:学习基分类器
4:for $t=1$ to $T$ do
5:    learn $h_t$ based on $D$
6:end for
7:Step 2:构建新的特征数据集
8:for $i=1$ to $m$ do
9:    $D_h=\{x_i',y_i\}$, where $x_i'=\{h_i(x_i),\cdots,h_T(x_i)\}$
10:end for
11:Step 3:学习自注意力权重特征
12:learn $A$ based on $D_h$
13:Step 4:构建新的权重特征数据集
14:for $i=1$ to $m$ do
15:    $D_w=\{x_i'',y_i\}$, where $x_i''=A(x_i)$
16:end for
17:Step 5:学习元分类器
18:learn $H$ based on $D_w$
19:return $H$
```

图 5.13 集成学习模型算法结构

最后,使用新的加权数据集D_w来训练元分类器H。一旦经过训练,元分类器H就能够对新的地质特征数据进行预测。在训练过程中,本章使用贝叶斯优化进行超参数调优。贝叶斯优化通过对参数空间的概率模型进行迭代优化,能够迅速发现并收敛到模型表现良好的参数组合。当超参数优化完成后,便开始对数据集进行训练和测试。首先,将集成学习数据集随机分割为80%训练数据集和20%测试数据集;其次,由经第一层基分类器进行训练,将输出预测类别概率输入自注意力层进行向量加权,之后将加权向量和对应标签输入第二层分类器进行训练;最后,通过测试数据集进行精度评估后获得最佳集成学习模型。

5.4 实验结果与分析

5.4.1 实验区域地质概况

成都市位于四川盆地西部,构造上属于龙门山前中—新生代前陆盆地。该盆地涵盖了成都平原大部分区域,构造单元划分为前龙门山逆冲推覆构造带、川西前陆盆地、龙泉山褶断带和川中前陆盆地。为了合理优化城市规划和资源开发利用,成都市积极开展城市地下空间资源地质调查工作,其中成都市全域地质框架模型总面积达到 14 335km²。

  实验的主要区域为成都市川西前陆盆地西部边缘构造带某区域,面积约 660.279km²,海拔最高为 2 601.3m,最低为 507.1m。测区的地质构造研究伴随地学理论的发展,历经了地质力学观和板块观的研究过程。其中,20 世纪 70 年代前的地质构造研究工作主要采用地质力学观点,测区穿过新华夏系第三沉降带之龙门山隆起褶带。川西前陆盆地是侏罗纪—白垩纪以来陷落并接纳巨厚第四纪沉积形成的断陷盆地,其西部为边缘构造带,北西以龙门山构造带前缘安县-灌县断裂带为界,南东以大邑-彭州隐伏断裂为界。区内发育一系列北东向褶皱、断裂,北西向、近南北向半隐伏断裂,次级凹陷以及局部隆起等[109],图 5.14 为实验区域位置示意图。

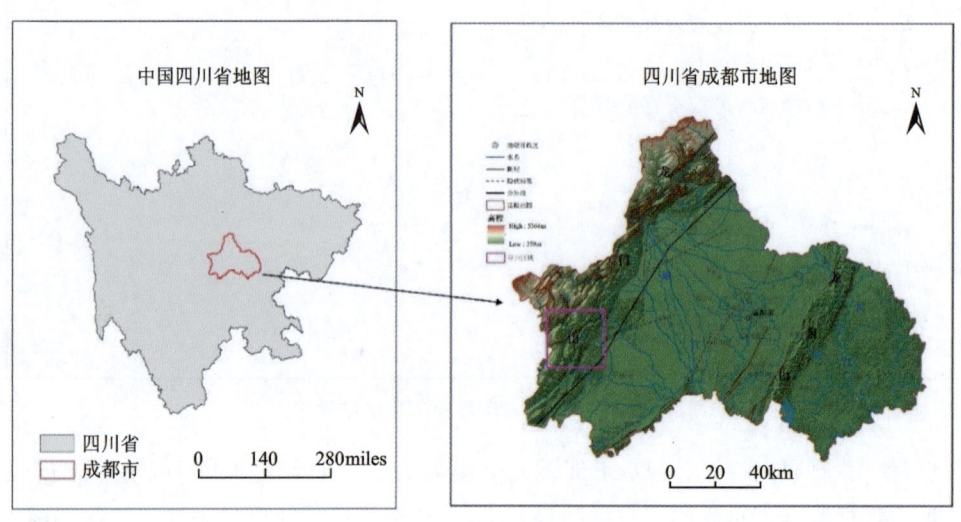

图 5.14 实验区域位置示意图
注:1mile=1609.34m

5.4.2 实验区域地质数据

  实验使用的钻孔数据集包括中国四川省成都市西南区域 93 个盐都工程钻孔,图 5.15 为实验区域钻孔分布图。
  工程钻孔的主要信息由钻孔号、钻孔编号、开孔坐标、井深信息、层顶埋深、层低埋深、层厚以及地质类别编号构成,其格式信息见表 5.1。由于原始钻孔的样本数据包含每个钻孔的位置信息以及每一层的厚度信息,所以需要将原始钻孔数据进行预处理,即得到分层点的空间点位坐标。但仅有分层点信息会导致特征空间和样本的稀疏性,因此,本实验沿着 Z 轴对数据进行重采样得到 33 247 个采样点来增强数据的可靠性,最终将原始钻孔数据转化为能够被机器学习识别的样本数据形式。

第 5 章 一种多规则约束的三维地质建模方法

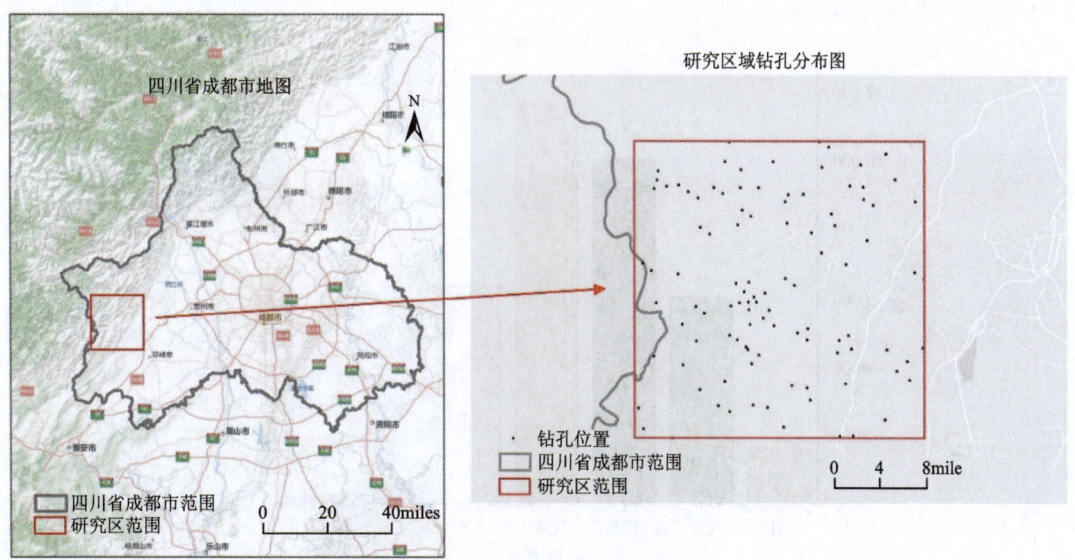

图 5.15 实验区域钻孔分布图

表 5.1 钻孔数据信息表

序号	字段名	名称	类型
1	HOLEID	钻孔号	String
2	HOLECODE	钻孔编号	Char
3	X	钻孔 x 坐标	Double
4	Y	钻孔 y 坐标	Double
5	Z	钻孔 z 坐标	Double
6	DEPTH	井深	Double
7	TOPDEPTH	层顶埋深	Double
8	BTMDEPTH	层底埋深	Double
9	THICK	层厚	Double
10	STRATNAME	地质类别	String

实验区域涉及大邑砾岩群、名山组、灌口组、夹关组、莲花口组、遂宁组、沙溪庙组、自流井组和须家河组等近 30 余组地层。为了后续获得更多相关地质体平衡数据集以及三维地质建模与分析,需要将地质类别进行统一编码并划分。为此本章中按照地质编码的沉积顺序和"从新到老,逐层递增"的原则,对原始数据地质类别进行统一编码,最终统一划分为 7 类。从上往下,从新到老,从"C1"到"C7"依次编码,图 5.16 为涉及的 7 类数据比例。

同时,结合宏观调查进行了详细研究,划分下、中、上更新统及全新统和段一级的地质单元,并建立了地质层序,根据年代逐年递增。其中,"C1"至"C7"分别代表上新统、白垩系、上侏罗统、下侏罗统、上三叠统、二叠系和泥盆系。由于实验区域受龙门山冲断带逆冲推覆作用影响,地质变形强烈,出露大量侏罗系、白垩系、古近系和新近系,基本没有第四系覆盖。

73

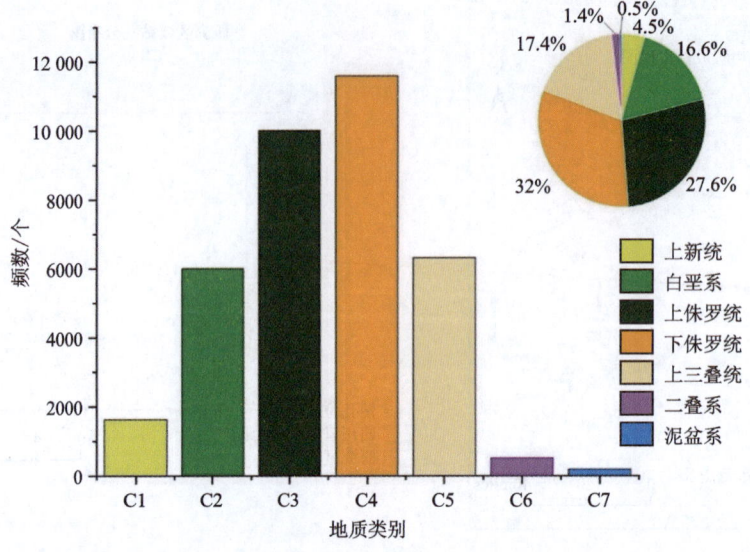

图 5.16 钻孔数据地质类别分布图

5.4.3 垂直特征提取结果

5.4.3.1 剖面数据集构建与网格单元剖面匹配

本实验将实验区域的先验地质插值模型作为数据源提取三维剖面数据集。网格尺度在很大程度上决定了三维网格模型的精细度和准确性,因此本实验选用了以最细尺度划分网格(20m×20m×20m)的先验三维地质插值模型。

第一步,将已知三维地质模型从两个特定方向维度分别进行三维剖面采集。本章从先验三维地质插值模型中获得南北向三维剖面数据 1290 条,如图 5.17 所示;东西向三维剖面数据 1278 条,如图 5.18 所示。其中,南北向三维剖面由西到东依次编号为 sn_0001、sn_0002、…、sn_1290;东西向三维剖面,由南到北依次编号为 ew_0001、ew_0002、…、ew1278。南北向三维剖面数据和东西向三维剖面数据共同构成了三维剖面数据集,总计采集数量为 2568 条。

第二步,根据先验地质插值模型的平面系统进行网格单元编号。首先以西南角为起点,自西向东,自南向北,分别以"1"为起始数据依次进行东西向编号和南北向编号;其次以"东西向编号-南北向编号"的形式为网格单元进行编号。

第三步,网格单元三维剖面匹配。在本实验中每个网格单元编号都代表一组网格单元。通过每组网格单元编号,匹配以该组网格单元为交叉网格的相互垂直的三维剖面 S1 和 S2。其中,S1 代表了南北向三维剖面,S2 代表了东西向三维剖面。如图 5.19 所示,其中红色矩形框中为交叉网格单元组。在本章中,为了描述图 5.19 中的交叉网格单元,以图序为其命名,分别为"1""2"、…、"9"。

通过网格单元组编号所匹配三维剖面编号如表 5.2 所示。

第 5 章 一种多规则约束的三维地质建模方法

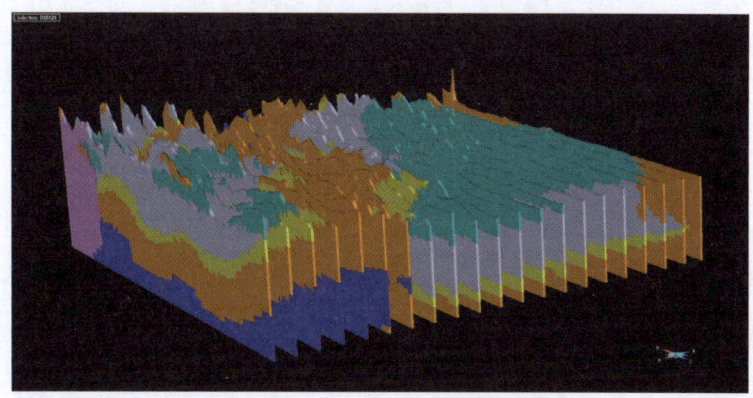

图 5.17　南北向三维剖面示意图

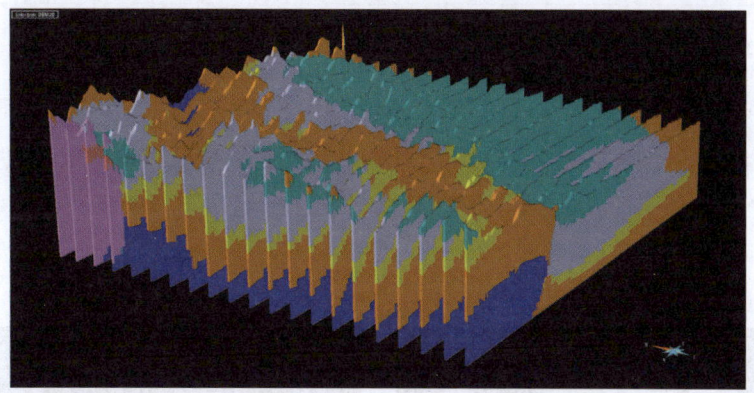

图 5.18　东西向三维剖面示意图

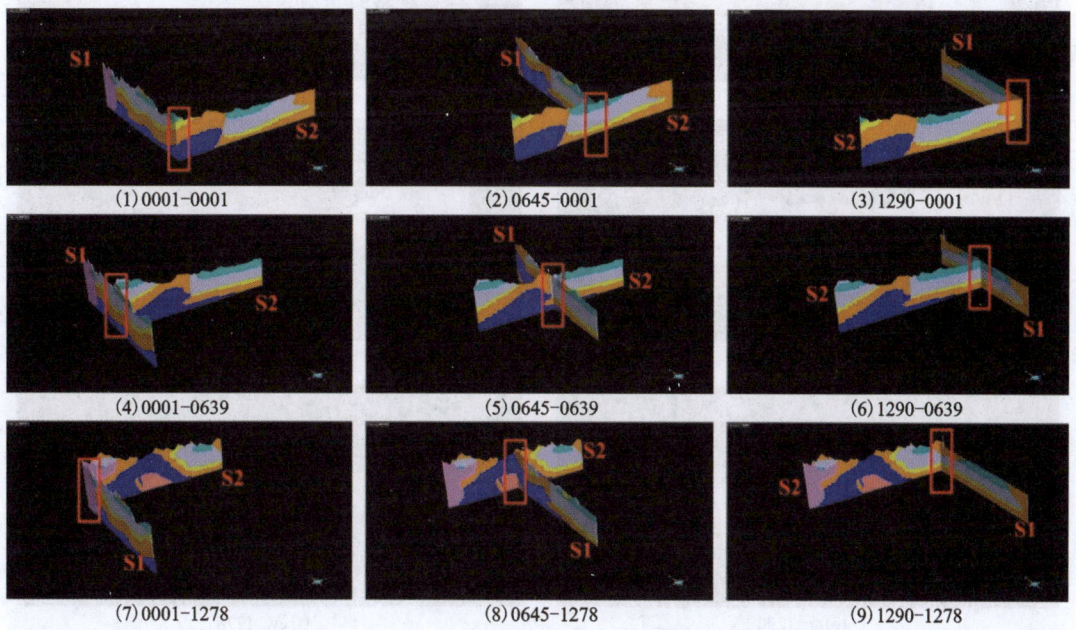

图 5.19　不同网格单元组的交叉剖面示意图

表 5.2 网格单元组编号匹配表

网格单元组	网格单元组编号	三维剖面编号		二维剖面图像编号	
		S1	S2	$S1_{TD}$	$S2_{TD}$
1	0001-0001	sn_0001	ew_0001	sn_0001	ew_0001
2	0645-0001	sn_0645	ew_0001	sn_0645	ew_0001
3	1290-0001	sn_1290	ew_0001	sn_1290	ew_0001
4	0001-0639	sn_0001	ew_0639	sn_0001	ew_0639
5	0645-0639	sn_0645	ew_0639	sn_0645	ew_0639
6	1290-0639	sn_1290	ew_0639	sn_1290	ew_0639
7	0001-1278	sn_0001	ew_1278	sn_0001	ew_1278
8	0645-1278	sn_0645	ew_1278	sn_0645	ew_1278
9	1290-1278	sn_1290	ew_1278	sn_1290	ew_1278

第四步，构建二维剖面图像数据集。通过导出三维剖面获得二维图像，并进行集中裁剪，获得尺寸 900×330 像素的二维剖面图像，从而构建二维剖面图像数据集。二维剖面图像数据保留了对应三维剖面的采集编号。如图 5.20 所示，剖面为图 5.19 中三维剖面 S1 和 S2 对应的二维剖面图像数据 $S1_{TD}$ 和 $S2_{TD}$。

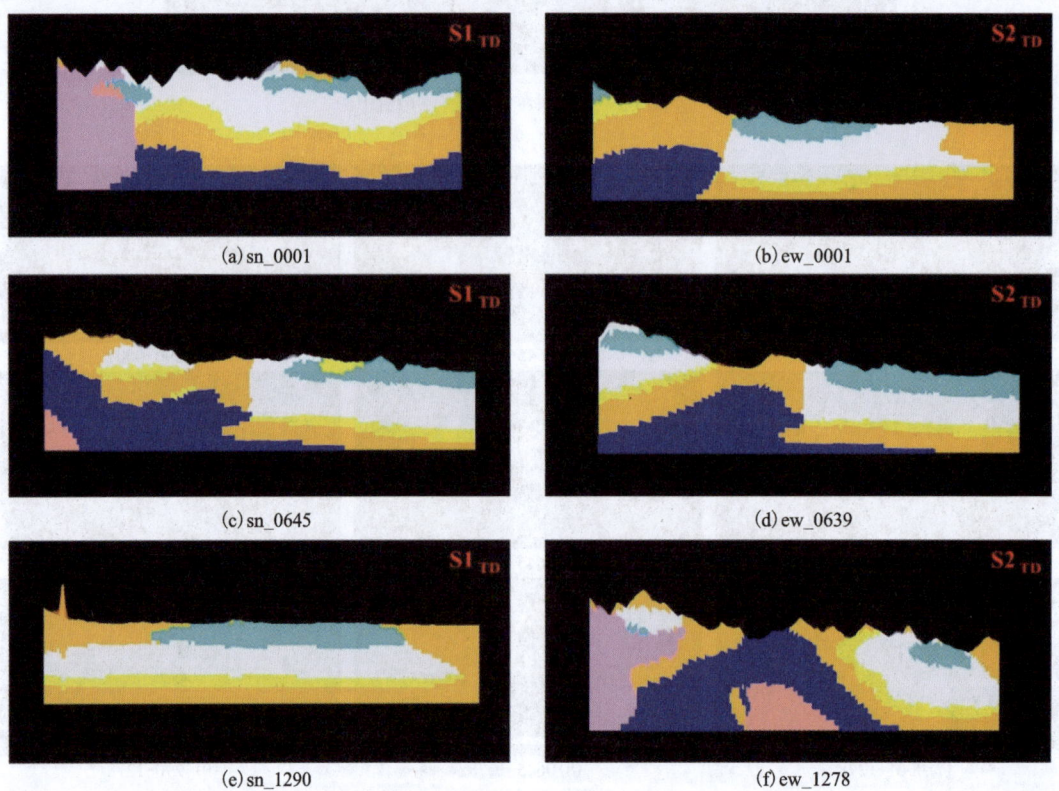

(a) sn_0001 (b) ew_0001

(c) sn_0645 (d) ew_0639

(e) sn_1290 (f) ew_1278

图 5.20 二维剖面图像示例

通过网格单元组编号所匹配的二维剖面图像编号如表 5.2 所示。

5.4.3.2 图像处理与地层邻接关系特征提取

总计采集 2568 张二维剖面图像。在地质特征提取过程中，首先，通过图像集中裁剪，获得规定训练集尺寸 900×330 像素的二维剖面图像，从而构建二维剖面图像数据集；其次，通过针对特征提取的 CNN 算法来卷积这些剖面特征区域；最后，通过全连接层进行输出扁平化，获得 1×300 的一维特征向量。

由拉普拉斯滤波得到的非零褶积值指示了不同地层边界之间的边缘位置。如图 5.21 所示，如果接收域内的所有点都完全属于单一土壤类型，在与拉普拉斯滤波器进行卷积后，特征图中对应的值为零；如果接收域被两种不同的土壤类型所占据，计算得到的卷积值非零，表示地层边界的探测。其次，非零池化层仅保留卷积特征映射的非零值。之后，通过全连接层后扁平化为 1×300 的一维特征向量。

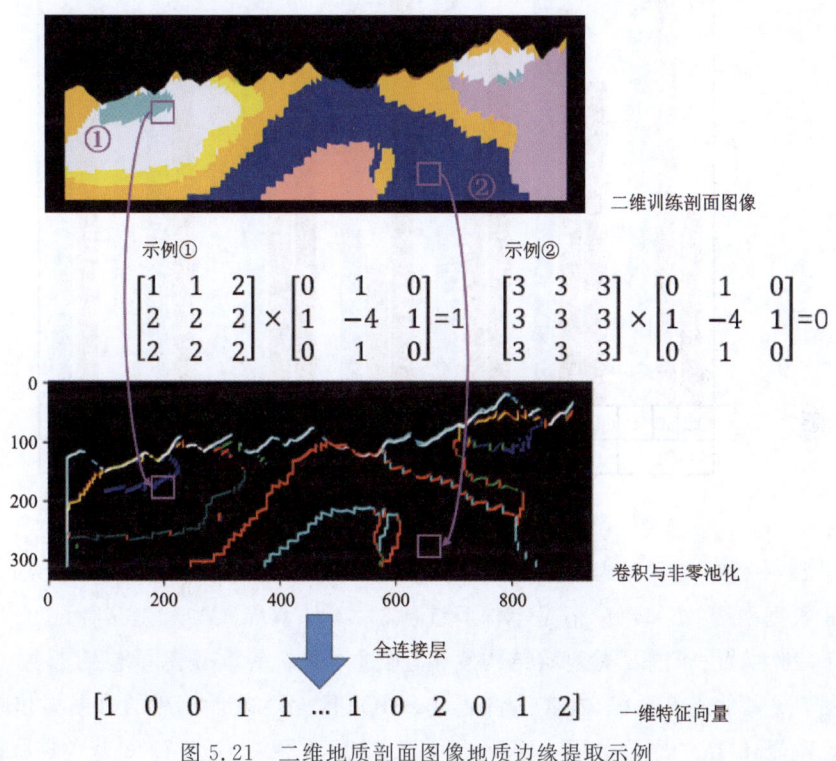

图 5.21 二维地质剖面图像地质边缘提取示例

通过卷积神经网络提取二维剖面图像在垂直方向上的全局分层特征，其中由于卷积和非零池化操作保留了局部的空间依赖性，在压平为一维特征向量后正确地保留了空间连通性和地层关系。利用 Python 对二维剖面图像数据集中的 2568 张剖面图进行地层邻接关系特征提取，并通过图像编号与网格单元组编号进行匹配，将得到的两组一维向量匹配到对应编号的网格单元组作为垂直特征。最终，每个网格单元均匹配到两个全局分层特征的 1×300 的一维特征向量。

5.4.4 水平特征提取结果

5.4.4.1 数据平衡

数据平衡主要用来平衡不均匀的数据。在水平特征提取过程中每个地质界面的数据分布是不平衡的,如图 5.22 红色柱状图所示,其中二叠系(C6)和泥盆系(C7)的数据远少于其他类别的数据。本实验采用 SMOTE-ENN 的方法使得数据接近平衡状态。

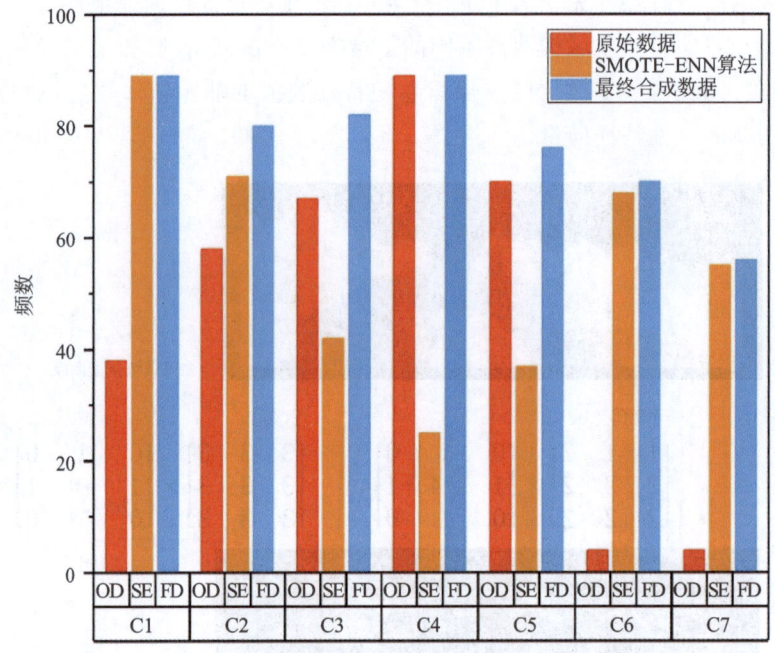

图 5.22 SMOTE-ENN 平衡前后数据分布图

如图 5.22 中橙色柱状图为通过 SMOTE-ENN 后保留的数据,虽然二叠系(C6)类和泥盆系(C7)的数据平衡效果较好,但是上侏罗统(C3)、下侏罗统(C4)和上三叠统(C5)数据出现了大幅下降,其主要由于这 3 类地质结构复杂,通过降采样算法剔除了包括原数据在内的大量数据。为了更好地平衡数据,本实验将通过 SMOTE-ENN 计算后的数据集和原始数据集进行并集运算,既保留了原始数据,又平衡了各类数据,其结果如图 5.22 蓝色柱状图所示。

通过 SMOTE-ENN 不仅可以提高生成样本的质量,还有效降低了模型受噪声数据影响的风险。SMOTE-ENN 结合了 SMOTE 和 ENN 两种算法的优势,通过合成少数类样本和剔除噪声数据,实现了对少数类样本的有效增加和噪声数据的有效清除,从而更准确地提取钻孔的地质信息。通过使用 SMOTE-ENN 方法,本章有效处理了钻孔分布不平衡的地质数据,提高了数据质量以及特征提取的准确性。

5.4.4.2 空间各向异性特征提取结果

提取地质界面水平趋势特征本质是为了提取空间各向异性特征,即法向信息,其步骤如下。

(1)提取地质界面数据。首先根据 SMOTE-ENN 平衡后的钻孔数据分别提取每个地质类别地质界面数据。实验区域的地质类别总共分为 7 类,所以分别获得 7 类地质界面的钻孔信息。

(2)通过 RBF 插值方法对每类地质界面进行网格插值,继而完成平面拟合。图 5.23 为地质界面 RBF 插值示意图,图 5.23a~g 分别为上新统(C1)、白垩系(C2)、上侏罗统(C3)、下侏罗统(C4)、上三叠统(C5)、二叠系(C6)和泥盆系(C7)7 类地质界面插值示意图,图 5.23h 为实验区域内所有地质界面的插值三维示意图。其中,图 5.23f 和图 5.23g 是二叠系和泥盆

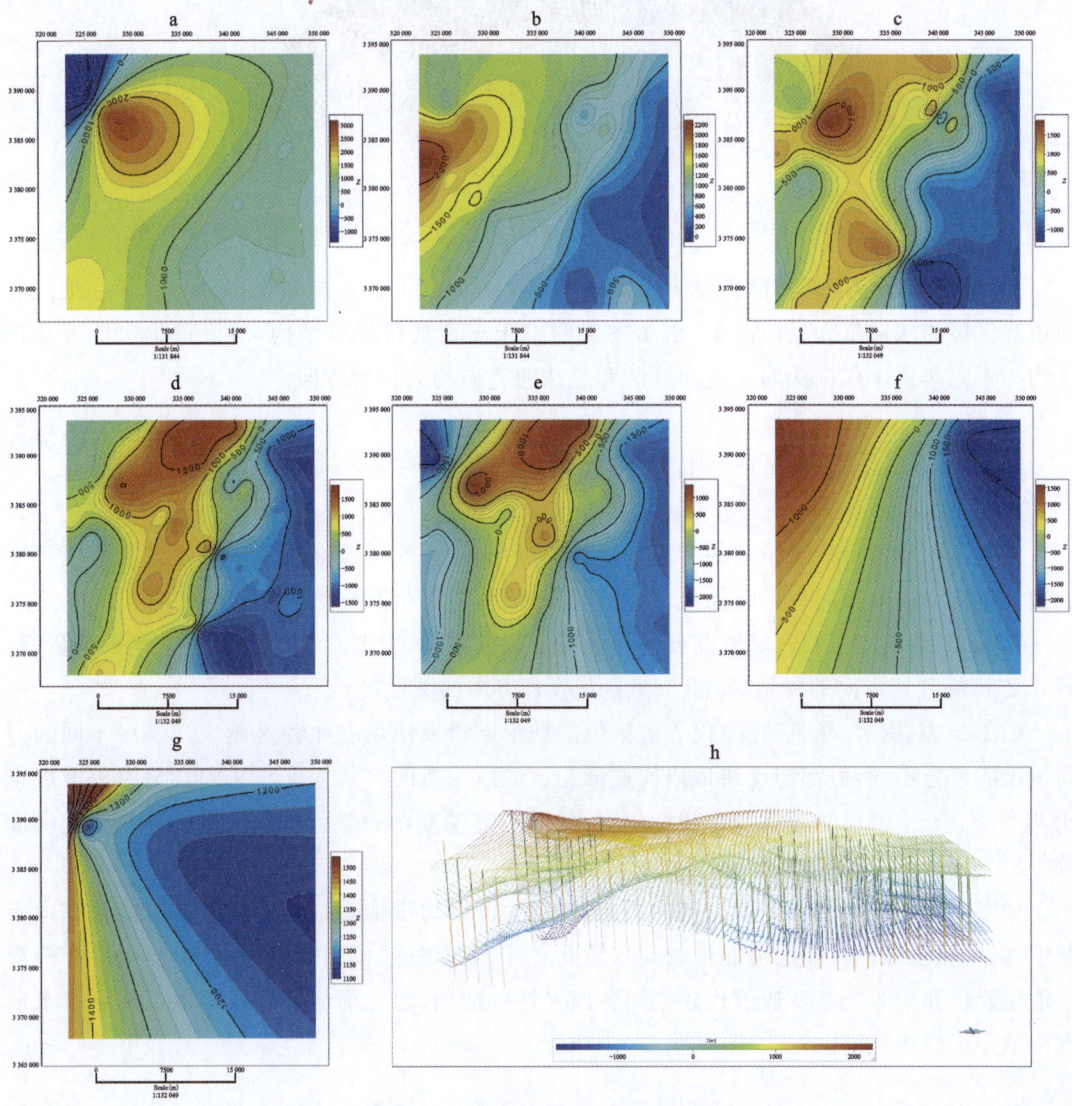

图 5.23 地质界面 RBF 插值示意图

系两类地质界面的插值结果,由于原钻孔插值数据较少,通过数据平衡后分布范围较为集中;但是插值结果范围较大,所以在数据抉择上筛选能够表示该地质类别趋势特征的局部区域数据,舍弃相对更远区域的数据。

(3)获取法向信息。通过 K 最近邻算法选择每个地质界面网格点周围的离散点,并通过 SVD 分解算法获得该网格点的法向信息。图 5.24 为上新统(C1)地质边界法向量三维示意图,其中 K 最近邻参数设置为 20,每个网格点的法向都垂直于通过该 20 个离散点进行 SVD 拟合的局部平面,以此获得整个地质界面网格点的法向信息。

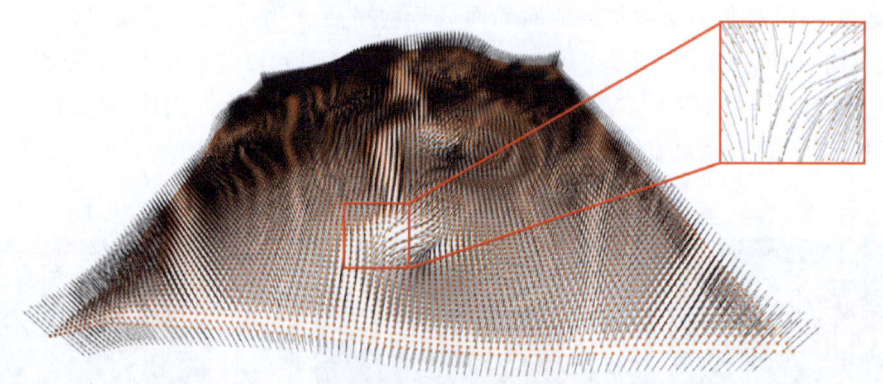

图 5.24　上新统地质边界法向量三维示意图

(4)根据实际应用调整法向量方向。本章定义方向朝上为正向向量,如图 5.24 在地质界面边缘区域的法向量为反向向量,由于本实验中未出现翻转地质结构,所以理论上所有法向量均为正向向量。根据法向量正向算法调整法向方向均为正向方向。

5.4.4.3　空间各向异性特征场模型

空间各向异性特征场模型的本质是法向矢量场,基于 5.4.4.2 小节中每个地质等值界面的法向量特征进行普通克里金插值,最终获得地质体中每个网格对应的空间各向异性特征。

图 5.25 为本章实验区域空间各向异性特征场模型,其中图 5.25a 表示 X 方向的矢量场,图 5.25b 表示 Y 方向的矢量场,图 5.25c 表示 Z 方向的矢量场。

如图 5.25 所示,颜色越深,代表该区域的地形起伏或地质变化程度越大。其中不同的方向表示的色彩不同,但都能反映地质构造形态。地质构造的复杂程度与法向量偏移程度成正比,3 个方向(x,y,z)的颜色变化程度越大,地质构造越复杂;相反,平坦区域的颜色变化幅度较小。

如图 5.25 所示,综合 3 个方向的法向矢量场,可以初步推断红色方框区域可能存在地质断层,且左侧区域存在断层可能性较高。除此之外,大部分区域相对较为平缓,但仍存在轻微的地层起伏和褶皱。本章通过构建空间各向异性特征场,为三维地质建模提供了地层在水平方向的全局趋势特征。

第 5 章 一种多规则约束的三维地质建模方法

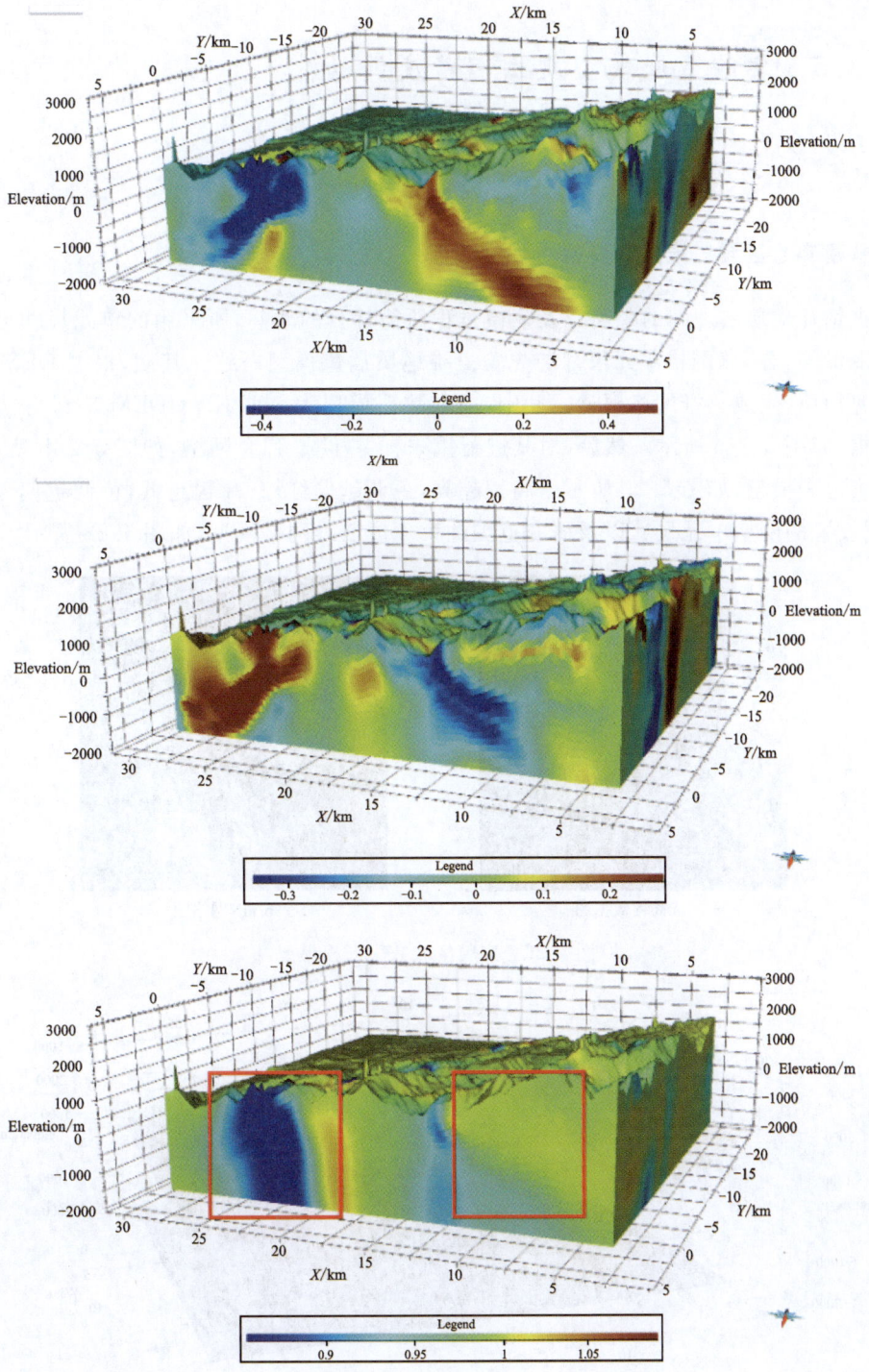

图 5.25 实验区域空间各向异性特征场模型

5.4.5 实验区域模型建立与精度评估

5.4.5.1 数据处理

1. 构建实验区域三维网格模型

根据钻孔地质层理间的距离以及建模过程所需计算的时间,所采用的单元尺寸为 20m× 20m×20m。首先,该网格单元尺寸与先验三维地质插值模型一致。其次,根据 DEM 和实验区域边界约束,生成三维网格模型。其中,高程数据模型为 ASTER GDEM 30m 分辨率数字高程数据,如图 5.26a 所示。然后,对其进行重采样并生成 TIN 网络,如图 5.26b 所示,进而生成三维地表模型,如图 5.27 所示。高程越高,色调越偏红棕;高程越低,色调越偏深蓝。最后,根据设置的网格单元尺寸以及研究范围约束生成三维网格模型,如图 5.28 所示。

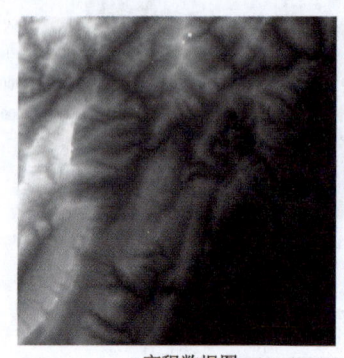

a.高程数据图　　　　　　　　　　b.TIN网络图

图 5.26　实验区域数字高程模型

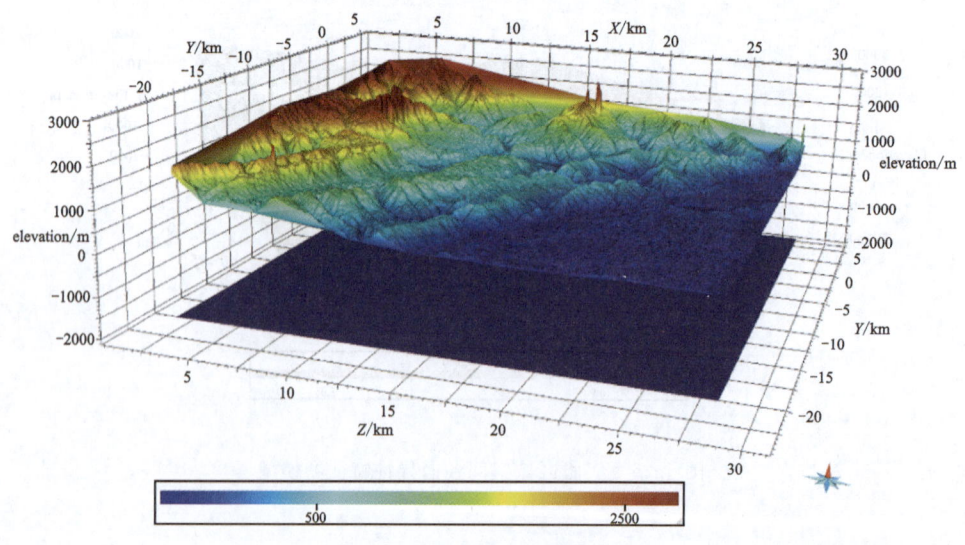

图 5.27　实验区域边界模型

注:elevation 为海拔。

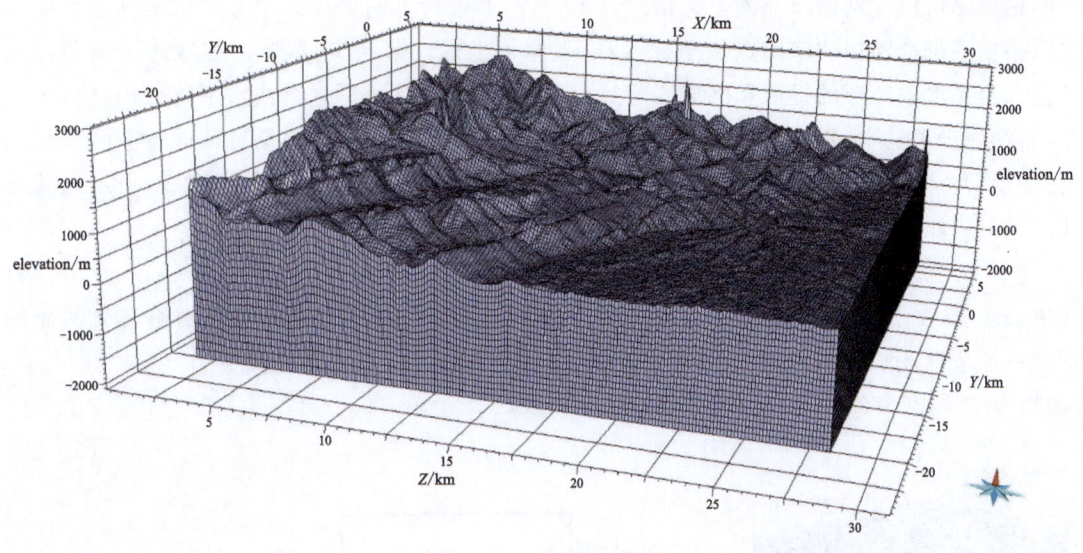

图 5.28 三维网格模型

构建三维地质模型要求为每个网格赋予地质特征数据,其中网格是构成三维地质模型的体素。本章定义每个体素的质心为地理原子(geo-atom)g_r,表示地理信息的基元[100],如图 5.29 所示,其中 $r=(r_x,r_y,r_z)$ 表示网格的分辨率。该地理原子可以明确地映射到体素网格,使每个体素网格都有一个 (x,y,z) 坐标。

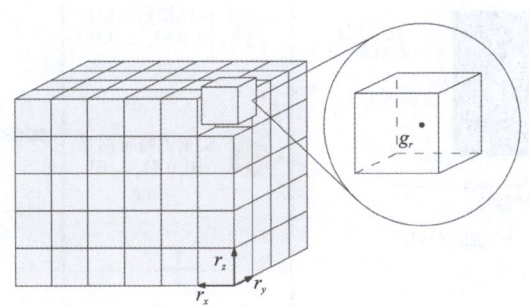

图 5.29 三维规则网格与地理原子的关系

2. 多维度特征信息融合

本实验以空间位置特征、全局垂直特征和全局水平特征为约束条件进行三维地质建模。其中,空间位置特征以空间点位坐标的形式呈现,根据对多维度的全局特征提取可知,全局垂直特征和全局水平特征分别以一维向量和法向量的形式呈现。

由于这三类数据不在同一结构化数据中,且尚未建立起相互的对应关系,因此,为了构建机器学习模型的数据集,首先对这三类数据进行合并处理。以空间位置特征为基准,根据其空间点位坐标对全局垂直特征和全局水平特征进行空间坐标匹配,形成包含多维度全局特征的地质特征数据集。

图 5.30 为多维度全局特征空间坐标匹配示意图。在图 5.28 所示的三维网格模型中,每

个网格单元仅包含网格节点的坐标信息。第一步,通过计算网格单元中心质子坐标来获取三维网格模型每个网格的空间点位坐标,即地理原子坐标。第二步,本章详细叙述了全局垂直特征和全局水平特征的提取和网格匹配过程,为每个网格赋予了垂直或水平特征信息。第三步,将第一步中的空间点位坐标与第二步中的全局垂直特征和全局水平特征进行空间坐标匹配,使得每个网格中心点包含空间点位坐标和多维度的全局特征信息,如图 5.30 所示。其特征向量形式如下

$$(x,y,z,[S1\cdots],[S2\cdots],nx,ny,nz) \tag{5-19}$$

式中:x,y,z 表示网格中心点坐标;$[S1\cdots],[S2\cdots]$ 两个一维向量表示与该网格交叉剖面的垂直特征信息;nx,ny,nz 表示该网格水平特征的法向信息。具体示例如下

$$(493354.55,4393762.5,443.80,[0,212,0,\cdots,46,0],[0,0,34,\cdots,175,0],0.73,0.89,0.83) \tag{5-20}$$

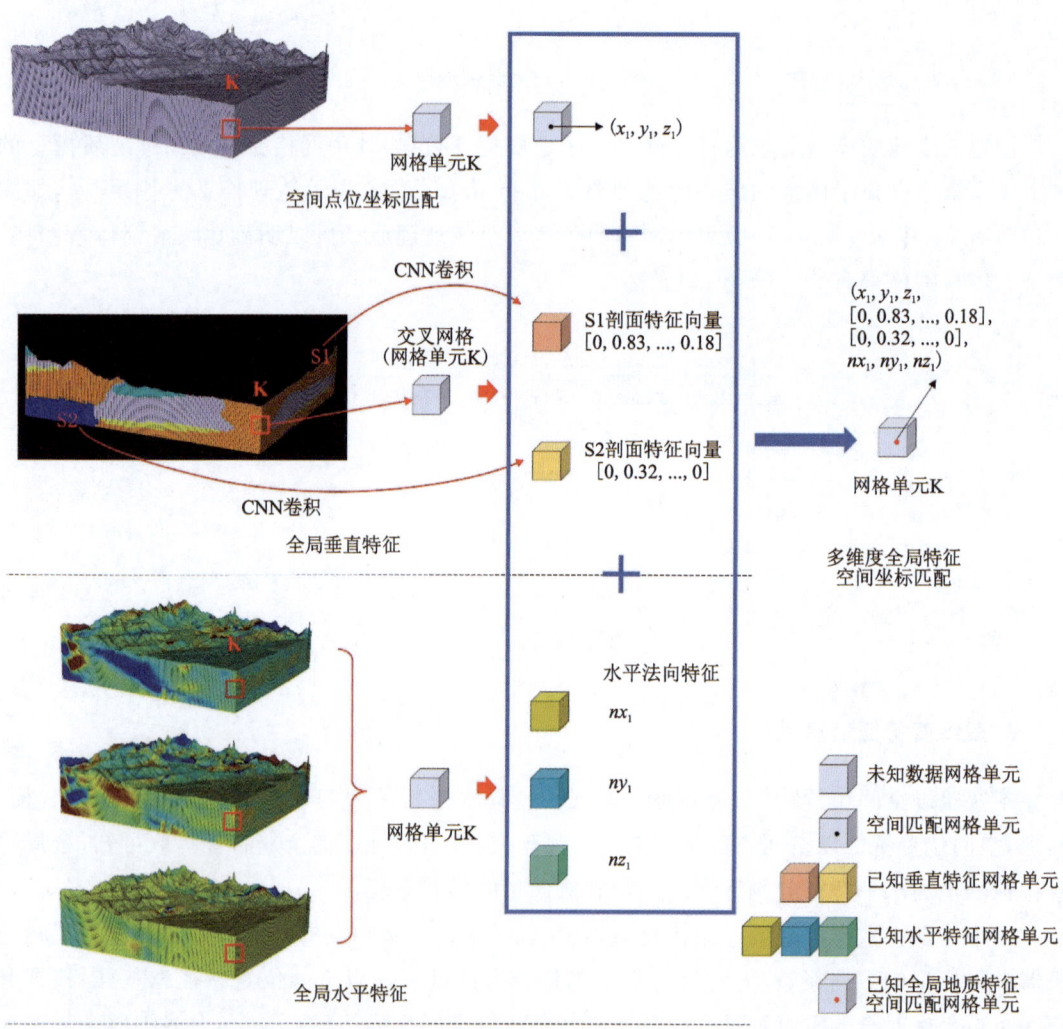

图 5.30 多维度全局特征空间坐标匹配示意图

3. 构建集成学习数据集

首先，对钻孔数据进行重采样。原始钻孔数据包括勘测点的平面坐标、高程、不同岩性分界的深度和地质类别。然而，计算机无法识别地层上、下界线点之间属于同一属性地层这一地质含义，使得特征空间非常稀疏，难以达到理想的训练效果。因此，需要进行钻孔数据重采样，将其转化为一系列具有空间位置和地质类别属性的点，如图 5.31 所示。本实验采用 Python 以 10m 的距离间距对中国四川省成都市西南区域 93 个盐都工程钻孔数据进行重采样。

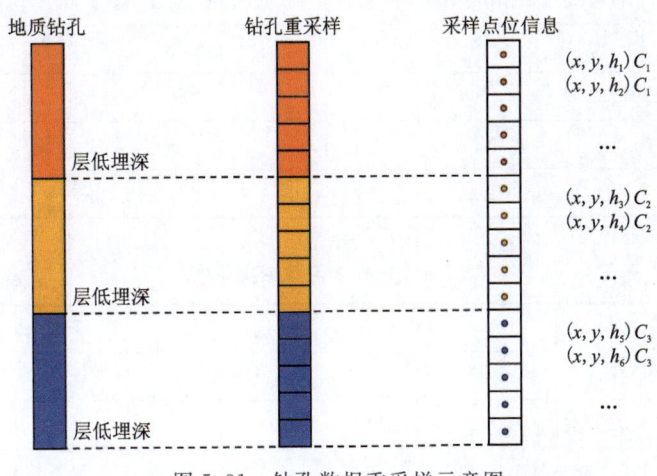

图 5.31 钻孔数据重采样示意图

其次，将经过重采样的包括空间点位坐标和地质类别的钻孔数据导入三维网格模型中，之后在多个交叉的三维网格单元处与三维网格模型相交。通过该方法，每个与钻孔相交的网格都具有地质标签和 (x,y,z) 坐标。由于在本小节"2. 多维度特征信息融合"中对所有三维网格单元的全局特征信息进行了空间坐标匹配，所以能获得相交网格的全局垂直特征和全局水平特征。最终，获取了 3325 个与钻孔相交的网格单元，其数据包含空间特征数据 (X,Y,Z)、全局垂直特征、全局水平特征以及地质标签数据，共同构成了集成学习数据集。

4. 归一化处理与数据集划分

集成学习数据集中的不同特征数据具有不同量纲，导致它们在数值上存在数量级差异。为了解决因数据量纲不同带来的模型训练不收敛问题，采用归一化中的最大最小值标准化 (Min - max Normalization，MMN) 方法对数据进行处理，如表 5.3 所示为数据处理前后的集成学习数据集。

本章采用自注意力的 Stacking 集成学习方法进行训练，为了数据集的划分能尽可能地包含各种地质情况，按 8∶2 的比例将数据量为 3325 个的集成学习数据集随机分成训练数据集和测试数据集，以确保模型能够在不同的地质条件下都能表现出良好的预测能力。表 5.4 为用于导入机器学习模型进行训练和测试的集成学习数据集示例。

表5.3 数据处理前后的集成学习数据集

名称	特征	原始数据(示例)	处理后数据
钻孔号	HOLEID	9a87-496ca9	TQ12
空间特征	X	493354.55	0.85
	Y	4393762.5	0.78
	Z	443.80	0.82
垂直特征	Vertical Feature S1(VF S1)	(0,212,0,…,46,0)	(0,0.83,0,…,0.18,0)
	Vertical Feature S2(VF S2)	(0,0,34,…,175,0)	(0,0,0.13,…,0.69,0)
水平特征	Nx	0.73	0.85
	Ny	0.89	0.94
	Nz	0.83	0.89
地质标签	Class	32	"3"

表5.4 集成学习数据集示例

ID	X	Y	Z	Vertical Features		Horizontal Features			Class
				VF S1	VF S2	Nx	Ny	Nz	
0	0.732	0.025	0.523	(0,0.83,…,0.18)	(0,0.13,…,0)	0.583	0.451	0.938	1
1	0.813	0.066	0.538	(0,0.23,…,0.46)	(0,0,…,0)	0.567	0.464	0.937	2
2	0.011	0.095	0.749	(0.34,0,…,0)	(0,0,…,0)	0.583	0.459	0.939	1
3	0.606	0.122	0.523	(0,0.36,…,0)	(0.64,0.11,…,0)	0.599	0.449	0.938	1
4	0.914	0.181	0.539	(0.12,0.03,…,0.45)	(0,0,…,0)	0.593	0.431	0.938	1
5	0.979	0.267	0.523	(0.91,0,…,0.97)	(0,0,…,0.35)	0.617	0.448	0.938	1
6	0.732	0.025	0.524	(0,0,…,0)	(0,0.27,…,0)	0.583	0.451	0.938	2
7	0.813	0.060	0.532	(0,0.77,…,0)	(0.35,0,…,0.57)	0.567	0.464	0.937	2

5.4.5.2 集成学习建模

以实验区域地质资料和全局特征信息为基础,对提出的融合多规则的集成机器学习模型进行建模,具体如下。

1. 数据集构建

通过数据预处理过程获得地质特征数据集,包含空间点位坐标、垂直剖面特征向量和水平法向量特征向量。集成学习数据集共3325个,除上述特征外还包含地质标签数据。通过数据集划分,将集成学习数据集随机分割为80%训练集和20%测试集,用于集成学习模型训练与测试。

2. 集成模型训练

使用本章所研究的融合多规则的集成机器学习模型进行机器学习。通过 Python 中的 Scikit-learn 进行超参数调优和集成学习训练,最终获得性能最好的集成模型。具体集成机器学习模型训练程序如图 5.32 所示,训练程序过程如下。

步骤一:将训练集分割为 5 个大小相等的子集,每次选取 4 个部分训练第一层基分类器,剩下一个用于验证基分类器准确性。

步骤二:将第一层基分类器输出的预测类别概率输入自注意力层进行向量加权,进而形成新的训练数据集,这将作为元分类器的输入特征。之后采用五折交叉验证的方法训练和测试这个新特征数据集。

步骤三:重复上述步骤一和步骤二,直到每个基分类器都被训练过。

步骤四:使用测试集对模型精度进行评估,获得最优集成学习模型。

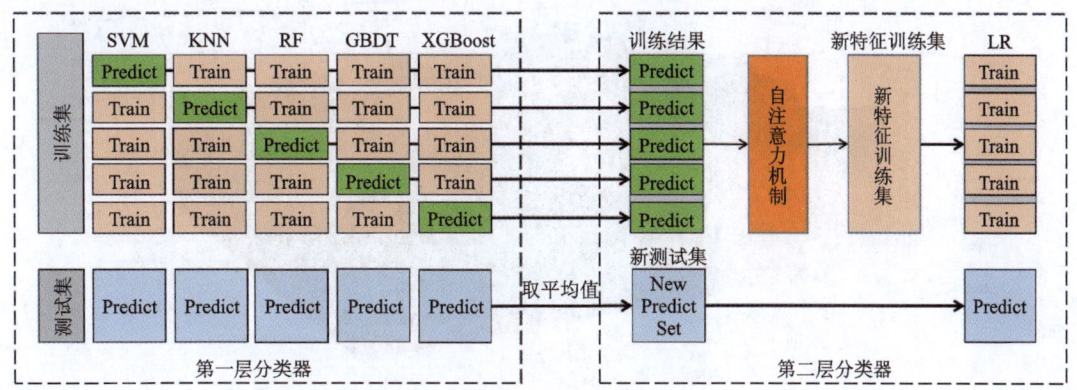

图 5.32　融合多规则的集成机器学习模型训练程序示意图

3. 生成三维地质模型

使用 Python 将地质特征数据集输入到最优集成模型中,为每个网格单元进行地质标签预测,最终获得三维地质模型。图 5.33 为三维地质模型地理原子示意图,图 5.34 为三维地质模型示意图。

5.4.5.3　全局特征对模型精度的影响

本章中所提出的全局地质特征主要为剖面在垂直方向上的全局分层特征和地层在水平方向上的全局趋势特征,其特征数据形式已在前述章节中详细介绍。为了确定全局特征中哪些关键特征和数据在预测和构建地质模型过程中起到关键作用,本实验设计了一系列消融实验,通过逐步去除模型中的一类或多类数据组件,识别哪些部分对模型性能最为关键。消融实验结果如表 5.5 所示。

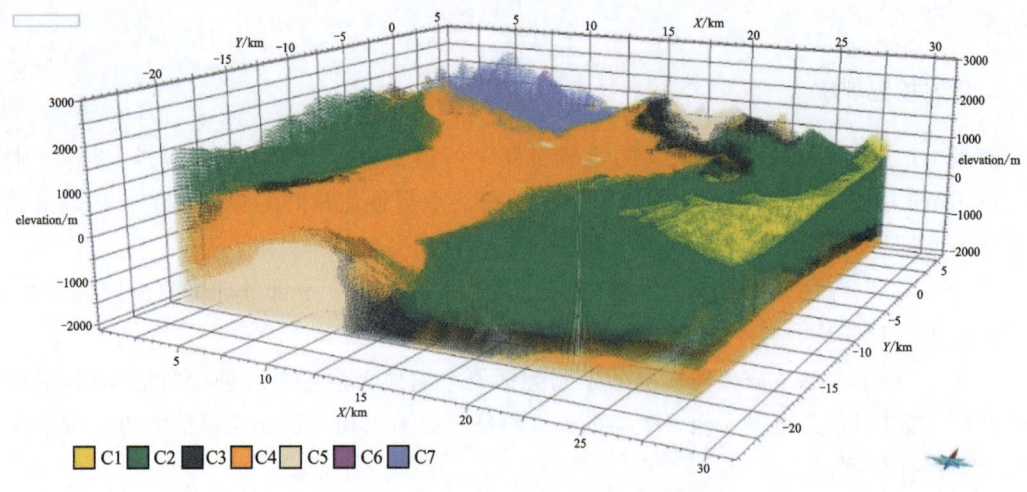

图 5.33 三维地质模型地理原子示意图

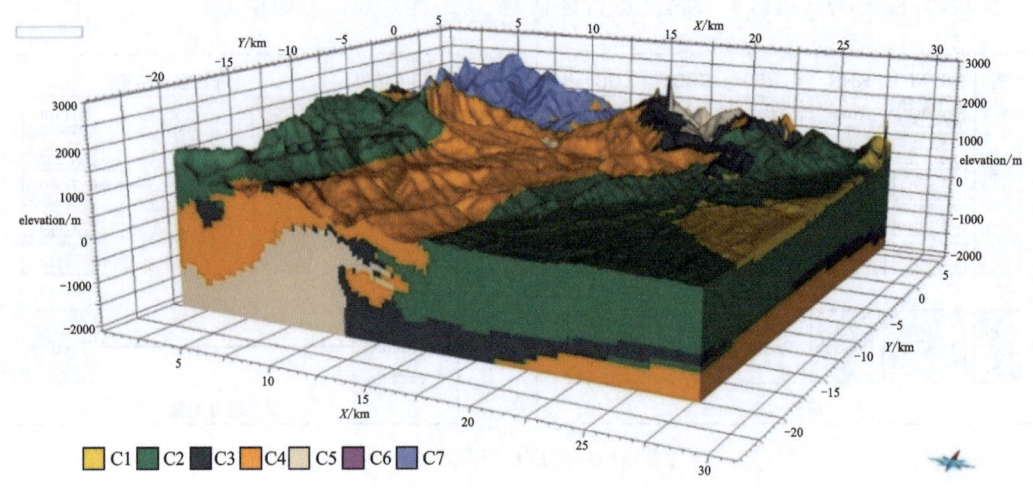

图 5.34 三维地质模型

表 5.5 不同的输入特征结果表

分组	特征信息	指标	Fold 1	Fold 2	Fold 3	Fold 4	Fold 5	AUC Mean（均值）
Group1	X、Y、Z	AUC	0.925	0.935	0.935	0.936	0.932	0.935
Group2	X、Y、Z、VF	AUC	0.964	0.966	0.966	0.968	0.967	0.966
Group3	X、Y、Z、HF	AUC	0.968	0.971	0.972	0.970	0.970	0.970
Group4	VF、HF	AUC	0.843	0.836	0.809	0.828	0.843	0.832
Group5	X、Y、Z、VF、HF	AUC	0.985	0.987	0.989	0.987	0.984	0.986

在表 5.5 中，X、Y、Z 表示空间位置特征，VF 指代全局垂直分层特征，HF 指代全局水平趋势特征。注意：该实验依然采用五折交叉方法进行验证，训练模型采用最佳调优的 Stacking 集成学习模型，Fold1 至 Fold5 为五折交叉验证的结果，AUC Mean 为五折交叉结果的平均值。

通过表 5.5 对比,首先发现第 2 组和第 3 组数据集的 AUC 均值均高于第 1 组,体现了水平全局特征和垂直全局特征的有效性,同时第 5 组数据集的 AUC 均值最高,体现了多维度的全局特征能够更好地刻画地下空间的复杂性。其次,第 4 组数据集的 AUC 均值最低,与其他组别的区别在于第 4 组数据集排除了表示空间位置特征的 (X,Y,Z) 坐标数据,这意味着空间特征数据是构建地质模型的关键特征,如果删除这类数据会使得预测地质模型相对较差。事实上,准确的定位数据在所有特征数据中至关重要的。为了更加直观地体现不同维度地质特征在构建地质模型中的重要性,本章分别构建了不同特征因素的三维地质模型,并将其与实验区域相关地质剖面(记为"真")进行了对比,如图 5.35 所示。

其中,图 5.35a 为参考模型剖面图,即"真实"模型;图 5.35b 为表 5.5 中 Group1 对应模

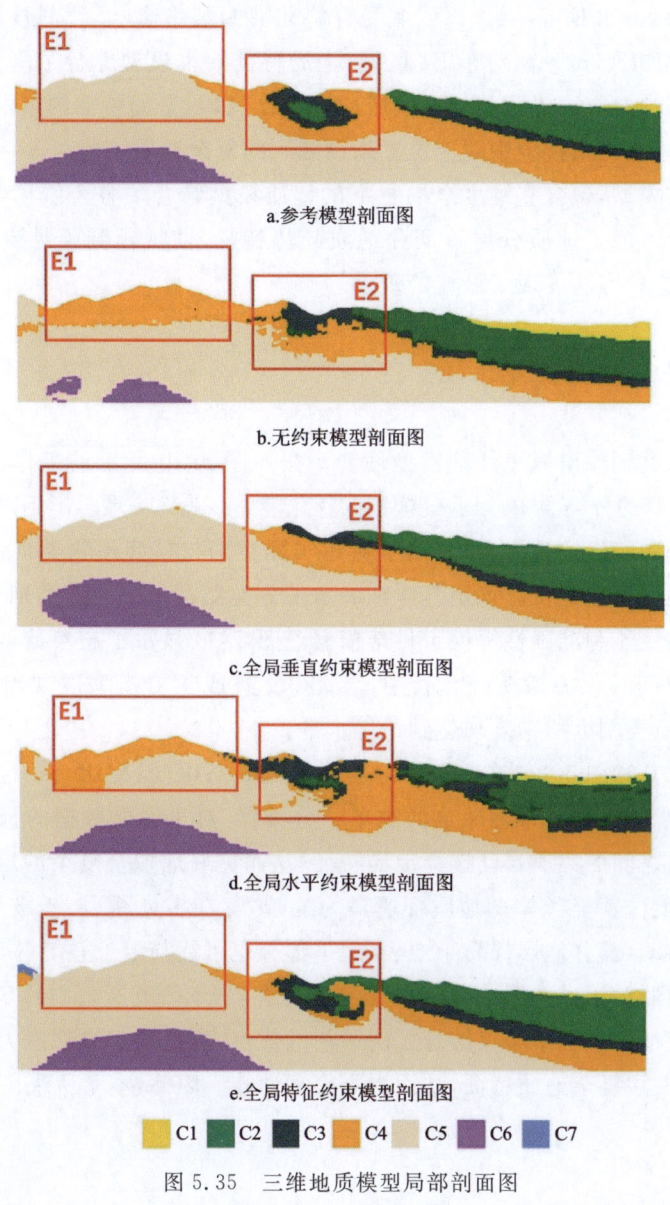

图 5.35 三维地质模型局部剖面图

型剖面图,包含空间位置特征 X、Y、Z,记为无约束模型剖面图;图 5.35c 对应表 5.5 中 Group2,包含特征 X、Y、Z 和 VF,记为全局垂直约束模型剖面图;图 5.35d 对应表 5.5 中 Group3,包含特征 X、Y、Z 和 HF,记为全局水平约束模型剖面图;图 5.35e 对应表 5.5 中 Group5,包含特征 X、Y、Z、VF 和 HF,记为全局特征约束模型剖面图。

如图 5.35 所示,预测剖面与"真实"剖面大致相同,但其中如褶皱和断层等复杂地质结构存在一些差异。对比图 5.35b 和图 5.35c,全局垂直地层特征使得整体地质预测更具有层次,尤其对于上三叠统(C5),如 E1 区域。该区域分布范围有限,仅出露于背斜核部,由于断层破坏,地层层序不全,仅出露该类上部地层,下部深埋地腹。对比图 5.35b 和图 5.35d,全局水平趋势特征使得整体地质预测更具方向性,虽然与"真实"模型剖面还存在一定差距,但已经能够表达一些构造信息,如 E2 区域。该区域受背斜北翼断裂带影响,背斜核部被破坏,存在大量褶皱结构。对比图 5.35c~e,对于 E1 区域,全局特征约束模型综合了垂直特征的优势,修正了水平约束模型中对应位置预测错误区域;对于 E2 区域,全局特征约束模型综合了水平特征的优势,修正了垂直约束模型中对应位置未预测到的复杂地质结构。

综合上述所有模型,包含多维度全局特征的地质模型结合了各个维度特征的优势,在地质预测过程中综合考虑了地质分层特征和地质趋势特征,使得预测模型更加接近"真实"模型。在本实验中,这种方法展现了最佳的效果。

5.4.5.4 基线模型性能比较

本章采用每个类别输出概率评估模型性能。按照图 5.10 所示的工作流程,将测试数据输入到 6 个训练良好的分类器中,以验证模型的泛化能力。表 5.6 展示了不同分类器的结果。

混淆矩阵是一种特定的表格布局,用于对比实际类别与模型预测类别,实现了对每个地质类别分类性能的可视化剖析。该矩阵详细展示了分类器在每个地质类别上的表现情况,进而为评估分类器的性能和准确性提供了科学依据。图 5.36 显示了超参数调优后性能最佳的各机器学习模型的归一化混淆矩阵。其中,Stacking 集成学习模型展现出最高的分类准确性,并且在各个地质类别上的精度均达到最优水平。

综合观察表 5.6 和图 5.36,在 5 个基分类器中,RF、GBDT、XGBoost 这 3 类基于决策树的集成分类器相较于 SVM 和 KNN 这两类单一分类器,对于地质数据的预测能力较强。它们能够通过决策树之间的集成自动选择地质特征,从而更好地拟合复杂的地质数据。在所使用的地质数据中,上侏罗统(C3)的地质环境最为复杂,存在多处断裂、褶皱等地质结构,而且由于剧烈的地层活动,部分地层裸露于地表,地下部分也可能与上三叠统(C5)相接,增加了预测难度。单一分类器对于上侏罗统(C3)的预测能力有限,本研究所采用的 Stacking 集成学习方法在融合全局特征的过程中不仅结合了决策树的优点,更是通过自注意力机制提取了有效特征,使模型更加关注复杂地质特征,从而提高模型性能。因此,本章所采用的 Stacking 集成学习方法效果最好。

表 5.6　不同分类器的结果

地质类别	指标	SVM	RF	KNN	GBDT	XGBoost	Stacking
C1	Precision	0.89	0.93	0.85	0.95	0.96	0.96
	Recall	0.92	0.94	0.86	0.94	0.93	0.96
	F1 score	0.9	0.93	0.85	0.94	0.94	**0.96**
C2	Precision	0.95	0.96	0.95	0.96	0.97	0.98
	Recall	0.96	0.98	0.95	0.98	0.97	0.98
	F1 score	0.95	0.97	0.95	0.97	0.97	**0.98**
C3	Precision	0.86	0.87	0.74	0.92	0.89	0.93
	Recall	0.73	0.83	0.8	0.86	0.85	0.86
	F1 score	0.79	0.85	0.77	**0.89**	0.87	**0.89**
C4	Precision	0.88	0.93	0.87	0.95	0.93	0.95
	Recall	0.95	0.97	0.97	0.96	0.96	0.96
	F1 score	0.91	0.95	0.91	0.95	0.94	**0.96**
C5	Precision	0.95	0.95	0.94	0.97	0.97	0.98
	Recall	0.97	0.97	0.97	0.98	0.97	0.98
	F1 score	0.96	0.96	0.95	0.97	0.97	**0.98**
C6	Precision	0.74	0.83	0.72	0.93	0.96	0.96
	Recall	0.86	0.995	0.67	0.996	0.88	0.96
	F1 score	0.8	0.91	0.69	**0.96**	0.92	**0.96**
C7	Precision	0.93	0.93	0.93	0.95	0.94	0.98
	Recall	0.997	0.98	0.93	0.98	0.997	0.996
	F1 score	0.96	0.95	0.93	0.96	0.97	**0.99**

注：表中加粗的数字表示每个分类器的最佳结果。

本章还采用 ROC 曲线作为另一种评估地质类别分类的工具，它充分考虑了正确分类的正例数和错误分类的负例数，通过绘制真正例率(True Positive Rate)与假正例率(False Positive Rate)之间的关系，展示了分类器在不同阈值下的性能表现。每个机器学习模型的 ROC 曲线如图 5.37 所示。

不同于传统的实验评价方法，ROC 曲线的模型评估允许中间状态，因此，测试结果具有一系列有序的类别[54]。图 5.37 中上侏罗统(C3)和下侏罗统(C4)的 AUC 普遍低于其他地质类别的 AUC、AUC 均值。具体来说，SVM 的方法为这两类地质分别提供了 0.885 和 0.921 的 AUC，KNN 则分别提供了 0.801 和 0.892 的 AUC。另外，RF、GBDT 和 XGBoost 这 3 类方法分别提供的 AUC 均高于 0.91，显示了决策树类集成分类器的性能优于单一分类器，但它们的 AUC 并未突破 0.94。本章所用的 Stacking 集成学习方法为这两类地质提供了最大的

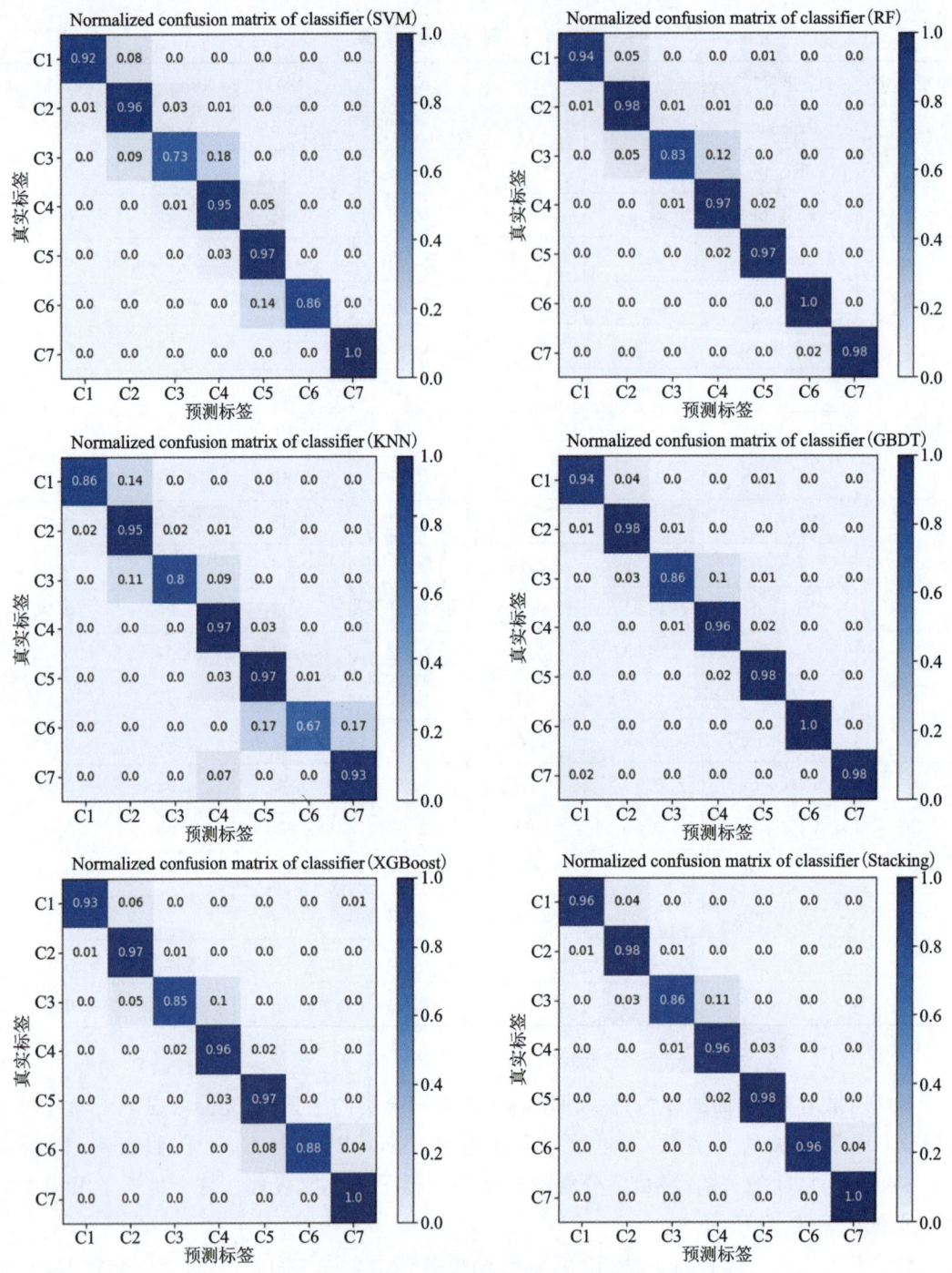

图 5.36 各机器学习算法归一化混淆矩阵

AUC,分别为 0.953 和 0.968。不仅如此,Stacking 集成学习模型还为各类别地质提供了最大的 AUC,综合指标为 0.987。因此,本章所提出的 Stacking 集成学习模型显示出最优异的性能。

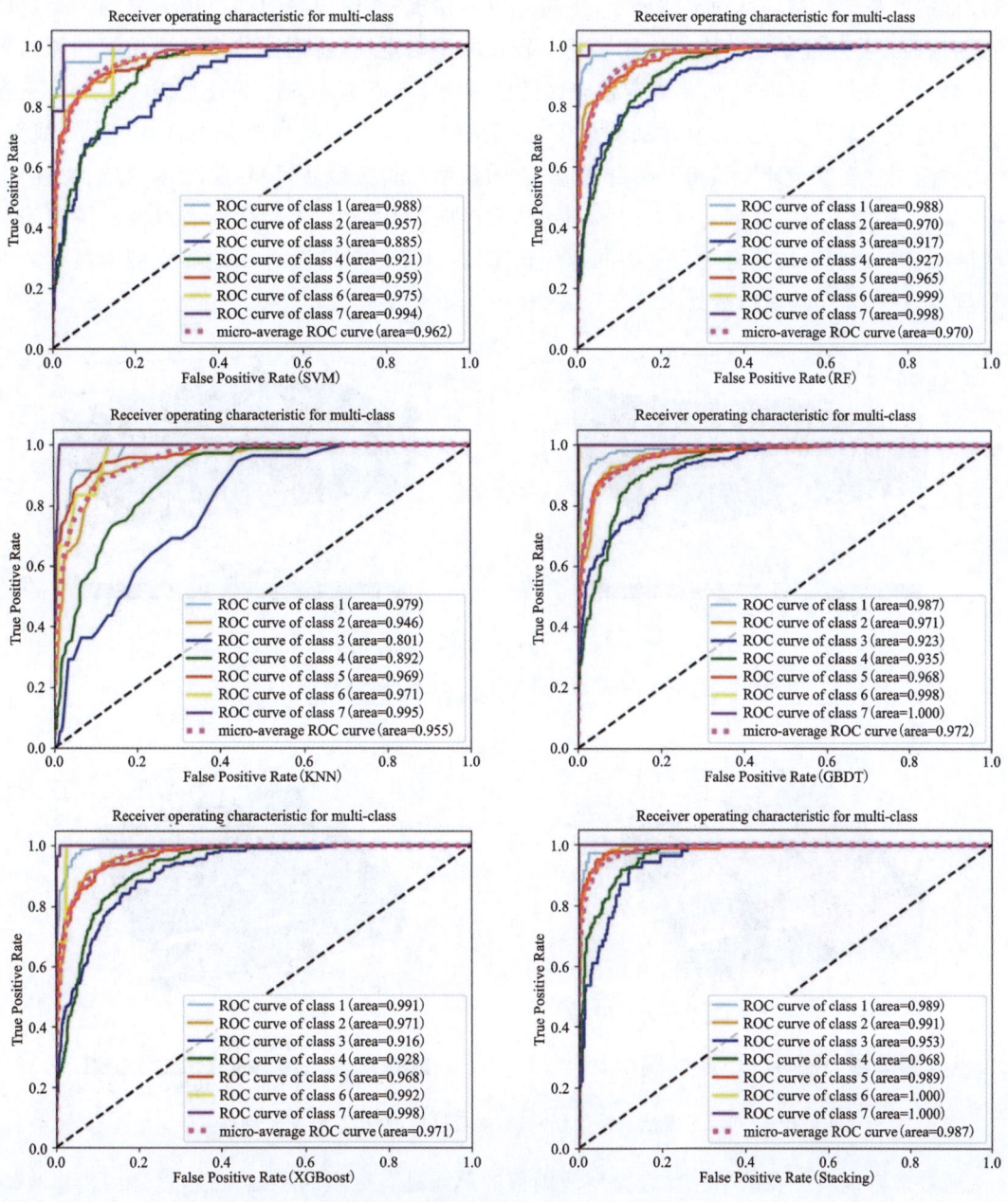

图 5.37 各机器学习算法 ROC 曲线

5.4.5.5 三维地质模型不确定性评估

通过计算每个网格的信息熵来评估示三维地质模型的多样性和不确定性程度,其构建的三维地质不确定性模型如图 5.38,所示不确定性包括知识不足引起的认知不确定性。

为了更清晰地了解三维地质结构和分析认知不确定性,将三维地质模型和不确定性模型分别与各自的二维交叉剖面进行结合,得到如图 5.39 所示的三维视图。如图 5.39b 所示,熵值较低的蓝色单元格的不确定性最小,更接近真实情况;熵值较高的红色单元格的不确定性最大,地质边界和复杂地质构造往往表现出较大的不确定性,特别是与多个地质类相邻的界面。结合图5.39a地质模型,不确定性较大的区域为上侏罗统(C3)、下侏罗统(C4)和上三叠统(C5)地质区域的交界处。在地质建模中,复杂的地质构造使得地质分类具有更大挑战性,如地质断层这类复杂地质结构。结合图5.34的模型和相关地质资料,实验区域位于龙门山构造带内,区内发育一系列北东向褶皱、断裂,北西向、近南北向半隐伏断裂以及次级凹陷和局部隆起等,这些区域具有更为复杂的地质构造,因此不难解释为什么地质模型中最大的不确定性出现在复杂地质构造处。

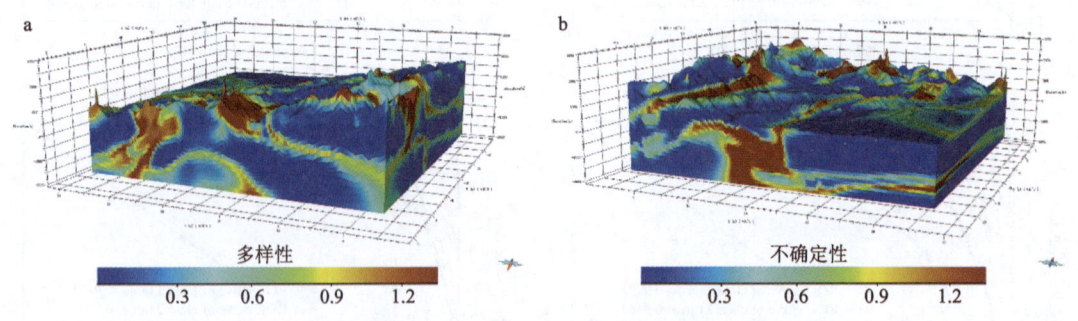

图5.38 三维地质不确定性模型
a.不确定性模型视角A;b.不确定性模型视角B

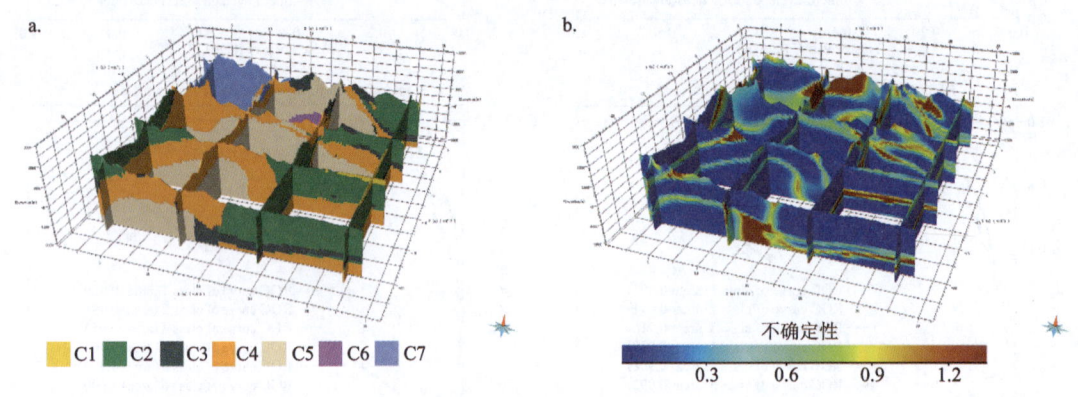

图5.39 三维地质模型(a)与不确定性模型(b)二维交叉剖面

通常来自地质边界的单元比来自地质内部的单元具有更高的不确定性,这是因为来自地质边界的地质单元几乎有相同的可能性被分到所有的接触地质类别,从而导致了更高的信息熵。本章研究的集成学习方法能够稳定地分析和学习稀疏覆盖或远离训练数据的地质结构。模型边缘区域相较于其他区域未知不确定性没有显著上升,最显著的未知不确定性仍体现在地质界面的复杂地质构造区域,未来可以在认知不确定性高的区域如地质褶皱等区域设计钻孔,提供更多的训练数据以降低认知不确定性。

此外,根据在地下结构的不同深度(−500m、−1000m、−1500m)绘制了二维横向剖面,并结合三维地质模型和认知不确定性模型的二维交叉剖面,得到了如图5.40所示的三维视图。

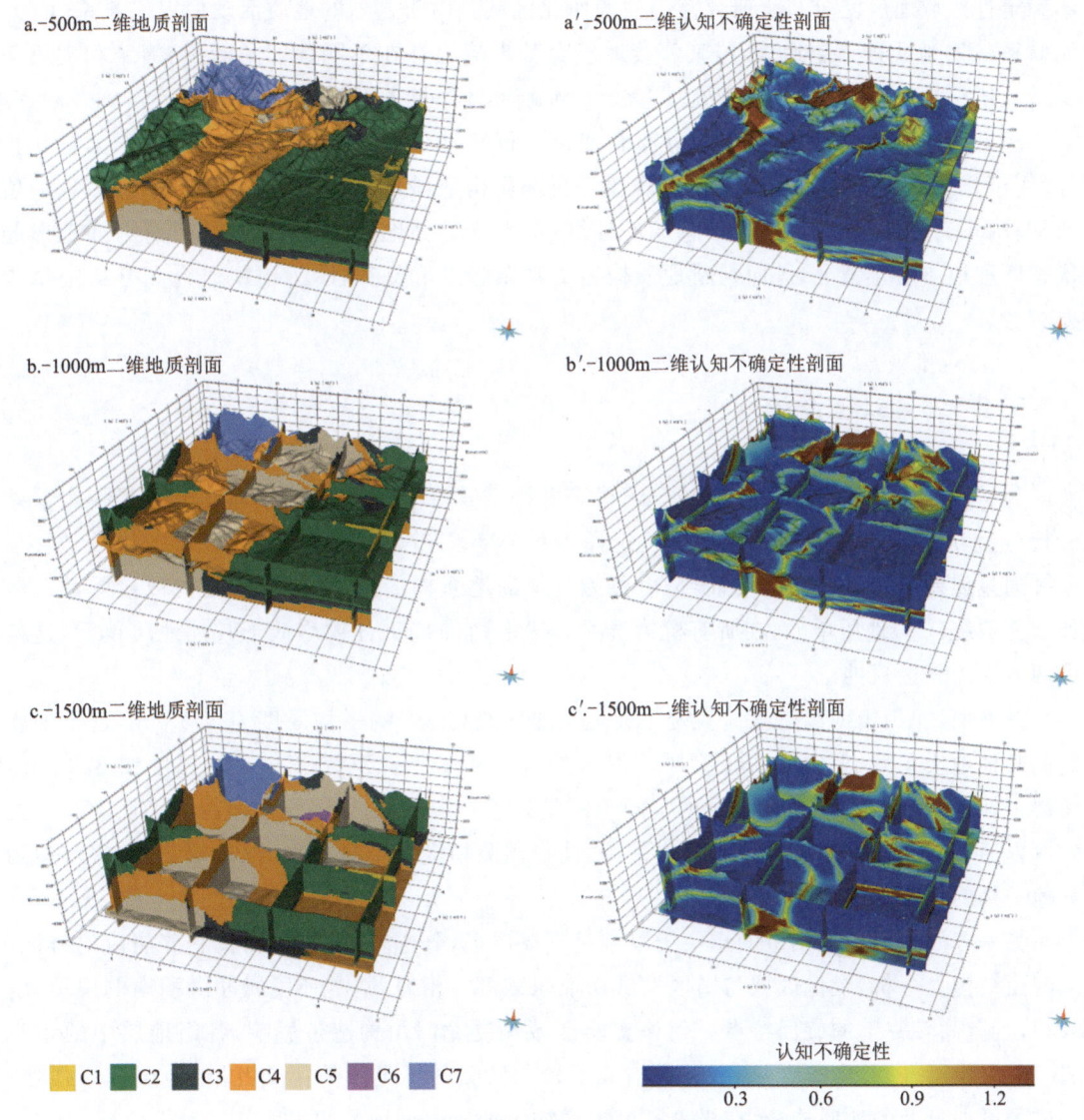

图 5.40 不同深度地质剖面和认知不确定性剖面

近地表(−500m)高认知不确定性区主要位于研究区东部大邑砾岩群覆盖区,如图 5.40a、a′所示。近地表其他高认知不确定性区域主要为白垩系(C2)、上侏罗统(C3)和下侏罗统(C4)的交接处,这些区域地质构造复杂,存在多个断层,使得白垩系(C2)、上侏罗统(C3)、下侏罗统(C4)裸露于地表。随着深度的增加(−1000m),如图 5.40b、b′所示,高认知不确定性区域主要为上侏罗统(C3)、下侏罗统(C4)和上三叠统(C5)的交接处。根据地质年代推测地质层序,由高到低,由新到老,从新近系、古近系到白垩系、侏罗系,再到三叠系、二叠系,地质活动导致的断裂使得三叠系与白垩系邻接,其不确定性相较更高。

在实验区域三维地质模型深处(−1500m),如图 5.40c、c′所示,高认知不确定性区域主要为下侏罗统(C4)和上三叠统(C5)相交处,更高认知不确定性区域为上侏罗统(C3)和上三叠系(C5)的相交处,这些高认知不确定性区域仍然由上述的地质构造导致。除此之外,高认知不确定性区域还广泛分布于研究范围内的西北区域。由于剧烈的地质活动使得二叠系(C6)、泥盆系(C7)地质裸露于地表,与其邻接地层受其影响也存在不同程度的断裂、褶皱和尖灭等复杂地质结构,不难理解其交界处具有较高的熵值,不确定性也随之上升。

综上所述,通过对地质数据的分布和变化进行统计分析,获取信息熵并将其作为量化指标,用于评估地质构造的复杂性和多样性。当地质构造呈现多样性和不规则性时,信息熵值通常较高;反之,则较低。通过信息熵的计算,可以更详细地了解地质构造的特征,如地形起伏程度和地质变化情况,进而判断地质构造的复杂程度和规律性,为地质研究和分析提供重要参考。

5.4.5.6 误差分析

为了进一步评估 Stacking 集成学习模型并探索其可能的改进方法,本章实施了一个误差分析,这是通过从模型识别结果中随机选择 100 个错误来实现的。

通过误差分析,发现很多错误是由更为复杂的地质构造造成的,认为是可以接受的。例如上侏罗统(C3)地质单元,在所有机器学习方法中,它的 F1 分数均低于其他地质单元,这是由两方面因素造成的。

一方面,龙门山前山带上侏罗统主要地层遂宁组($J_3 sn$)的平均厚度为 155.2m,远不如相邻的其他地质单元,如白垩系(C2)平均厚度约 554.4m,下侏罗统(C4)平均厚度约 672.3m,使得上侏罗统(C3)地质单元本身的空间范围受到了一定局限,训练样本存在不平衡问题。虽然可以通过提高样本密度来达到样本平衡,使得预测精度有小幅上升(约 1.5%),但很难达到其他类别的预测精度。

另一方面龙门山前山带的遂宁组以杂基支撑居多,分选较差,沉积物具有碎屑流的特征。从剖面结构上分析,上伏区域与山区发洪期堆积物极为相似,基本环境属冲洪积扇的扇顶-扇缘相,具有尚较完整的旋回特点。但该实验区域又受龙门山构造带影响,各组地层中的粗碎屑组分大幅增加,并由砾岩与砂、泥岩构成了较为频繁的不等厚韵律交互层,地层变形强烈,造成了更加复杂的地质构造,在极大程度上增加了地质模型预测的难度。

另外,根据误差分析,发现上新统(C1)、二叠系(C6)及泥盆系(C7)的数据量较少,但是在 Stacking 集成学习下预测精度较高。通过地质结构分析,发现与上侏罗统(C3)不同的是这 3 类地质分布较为集中,基本上只存在于某一区域,尤其是二叠系和泥盆系只分布于西北角区域,其厚度近千米,地质构造较为稳定。而上侏罗统地质单元不仅平均厚度薄,而且广泛分布于整个实验区域。因此,不难理解上新统、二叠系和泥盆系这 3 类的预测精度高于上侏罗统。

此外,错误样本很大一部分来源于地质单元邻接处。这可能由多种原因导致,如数据稀疏、关键数据质量较差或者地质结构复杂等。通过误差分析在不影响整体模型基本结构的前提下,大约 60%(62/100)的错误认为是可以接受的。

5.5 本章小结

　　三维地质建模是展现地下地质构造的重要手段。基于机器学习的三维地质隐式建模具有精度高、自动化程度高、时间消耗少、计算效率高及能够实现动态更新等诸多优势,能够适用于多种类型的数据。然而,面对精细化建模的需求,仅有位置特征、地球物理特征等局部特征的地质数据可能会导致对全局趋势把控不足,容易造成地质边界连续性差等问题,存在较大的不确定性,影响地下整体表达的准确性。因此,在研究基于机器学习的三维地质隐式建模如何能够表达全局特征、避免出现大体走向错误的同时细化局部特征和提高模型精度时,关键两点在于如何提取能够表达全局地质约束的特征信息和选择或改进一个强有力的建模策略。这对于地下空间构造的精细化研究、战略性规划和开发具有重要意义。

　　本章方法从多规则约束和集成学习两方面分别对提取地质特征数据和提高地质建模准确性具有诸方面优势:首先,在多规则约束方面,除了考虑主要的空间位置特征外,还纳入了多个维度的全局特征,为后续隐式建模提供了数据基础;其次,在三维地质建模插值方法上采用改进的 Stacking 集成学习模型,在融合多维度全局特征的同时,通过自注意力加权提取有效特征,提升了地质预测的精度和效率,同时也在其他地质环境和构造相似、具有钻孔数据和专家先验地质模型数据地区的三维地质建模中具有潜在的应用价值。

第6章 一种多视图的三维建模方法

地球物理数据通常与地质数据结合用于地下空间的 3D 建模。然而,现有的机器学习方法大多数是单视图方法,在两类数据之间的有效信息融合上存在不足,岩性解码和分类的复杂性较高。为解决这一问题,本章提出了一种多视图集成机器学习框架。首先,通过对齐不同空间尺度的地质和地球物理数据,构建岩性预测的原始数据集。随后,根据地球物理数据的岩性特性,将数据集分为结构强度、密度和含水量 3 个子集。该框架利用自注意力机制,自适应地融合每个视图下的有效信息,从而更准确地预测岩性标签。为了验证框架的有效性,本书在中国浙江省嘉兴市的项目中进行了应用。与现有的机器学习方法相比,该多视图集成框架显著提高了建模精度,并构建了低不确定性的模型。这一框架不仅适用于地层岩性识别,还可扩展到跨地球科学领域的多源数据融合任务。当前,许多研究主要依赖单一或集成分类器,并将多类型数据集仅作为普通标签使用,但是多类型地球勘探数据可以从多角度反映地层岩性,相互辅助提高识别性能。因此,从多视图角度建立岩性识别模型既是一个挑战,也是一个重要的研究领域。

6.1 研究动机

多源数据融合(例如地质数据和地球物理数据)是一种有效的方法,可以提高三维地下空间模型的准确性并减少不确定性。地质数据,如钻孔数据,是地质建模的主要数据来源。此类数据通常提供高钻孔分辨率,能够准确地反映随深度变化的岩性分布。然而,钻孔数据通常成本高且分布稀疏[110]。因此,地球物理数据常被用作建模的补充数据[54,111-113]。地球物理数据提供了关于地球物理异常分布的知识,这些知识可以通过反演转换为物理参数(如孔隙率、压缩模量、比重、饱和单位重量),从而描绘地下空间实体[114]。尽管地球物理数据种类繁多,但进行数据处理缺乏有效的融合方法,导致构建的地下空间模型难以充分捕捉地球物理数据中的重要信息[54]。

以往基于机器学习的三维建模方法通常仅通过在单一视图中添加特征维度,将多个来源的数据作为输入整合到机器学习模型中。例如输入特征从 1×3 维度[3D 空间坐标(X,Y,Z)]扩展到 $1\times N$ 维度[(X,Y,Z),地球物理属性1,地球物理属性2 等][54,115]。这种做法克服了单一来源地质数据的稀疏性问题。然而,仅在单一视角下增加特征维度,使得利用多源数据中的有效信息变得具有挑战性。这是因为不同数据源可能携带不同的信息和潜在的噪声。例如由于传感器质量或环境因素的不同,不同观测可能携带不同的信息。观测的有效性通常在不同岩性间有所差异,即一种类型的观测可能对某种岩性具有信息价值,但对其他岩性则未必如此。此外,将多个特征链接到一个大的特征集增加了岩性解码和分类过程的复杂性。这是因为增加的特征维度可能稀释原始信息,并容易引入新的噪声[116-117]。

之前章节证明了 Stacking 方法能取得相当有效的结果,但仍存在依赖单一的数据源并且结果受数据精确性和可靠性的限制等问题,未能充分利用多源数据的潜力来提升岩性识别性能。本章提出了一种多视图集成机器学习框架,该框架能够从不同的数据集中获取不同的视图信息,来建立三维空间网格点位置与岩性标注之间的对应关系。与 Stacking 方法不同,多视图方法考虑了不同分类器在不同视图下的有效性,提出从结构强度、密度和含水率 3 个具体角度分析地下空间岩性分布特征,并采用自注意力机制融合不同视图的特征,避免了单视图对岩性预测的片面性。以嘉兴市钻孔数据为例,将该方法与经典的机器学习方法进行了比较,验证了本方法的有效性。本方法为融合多源数据构建城市地下空间模型提供了新的策略。

6.2　技术路线与地质数据特征

6.2.1　技术路线

为了充分学习和集成不同视图的特征,提出了多视图集成学习框架,如图 6.1 所示,主要包含 3 个步骤,即多视图特征提取、多视图特征融合、特征学习和分类。

(1)多视图特征提取:在这一阶段,通过输入 3 个不同的视图数据集来提取多样的原始特征,增强岩性分类的性能。通过预选的基分类器,对每个视图的数据进行处理,生成特征输出。最终的特征组合将用于后续元分类器的预测。

(2)多视图特征融合:在特征融合阶段,设计了一种自注意力机制,以深度融合各个视图的有效信息。该机制根据输入向量与目标变量的相关性进行加权,能有效应对复杂和噪声数据。通过强调由第一层基分类器输出的重要视角信息,提升了第二层元分类器的性能,从而更全面地表示地下岩性。

(3)特征学习和分类:在这一阶段,使用元分类器 MLP 对通过自注意力机制记录的特征进行学习,以实现岩性解码。MLP 能够进行复杂地质数据的非线性映射,通过调整神经元的权重来增强模型性能。在训练过程中,采用五折交叉验证和 Grid Search CV 进行超参数优化,以提高模型的准确性和效率。最终,利用训练好的模型预测 3D 空间网格点的岩性标签,并利用 GOCAD 构建 3D 模型。

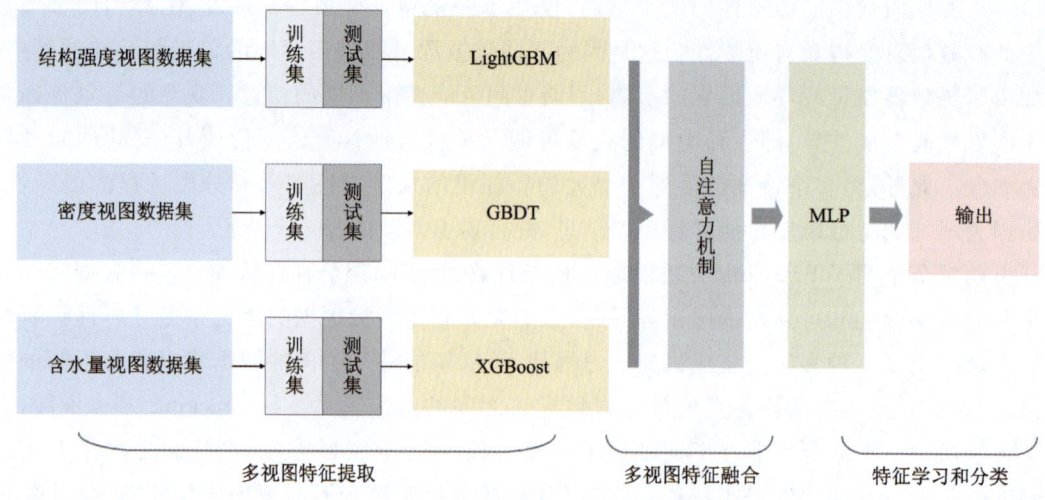

图 6.1　多视图集成学习框架

6.2.2　数据介绍

本章研究的内容是基于当前与地层岩性密切相关的钻孔岩性数据集和地球物理数据集进行识别,为隐式三维地质建模提供基础数据。岩性钻孔数据能够直接反映地层岩性,通过实际钻孔打样提取地层样本,得出目标地层点位的岩性类别,能够为三维地质建模提供可靠的硬数据[118]。但是岩性钻孔数据花费成本大,较为稀缺,在实际生产中难获得[119]。地球物理数据能够间接反映地层岩性,通过地震、磁力、电法等方法得到岩石相关物理数据,再通过反演等方法解译出地层岩性。地球物理数据反映的地下信息分辨率有限且具有多解性,可能导致岩性信息偏移[120]。因此,本实验在以上数据集的基础上,选择将两者相结合,利用多源地球物理数据进行地层岩性识别模型的建立。

本实验研究区位于中国浙江省嘉兴市。嘉兴市位于浙江省东北部,长江三角洲平原腹地内,占地面积 $3915km^2$。城市地形低矮平坦,平均海拔为 3.7m。嘉兴共收集了 1095 个工程钻孔数据,钻孔通常很稀疏,一些区域密度较高。钻孔的最高海拔为 8.5m,最低海拔为 -116.5m。钻孔深度相对较浅,地层岩性以第四系沉积物为主,主要是土壤。岩性钻孔分布如图 6.2 所示。

表 6.1 提供了钻孔数据的详细信息。岩性钻孔数据具有高分辨率,能够精准反映钻孔范围内的地层岩性,确保数据提取的精确度。通过 X、Y 坐标,层顶埋深,层底深埋,层厚等信息,反映具体钻孔内部的岩性。例如表 6.1 显示在(243684.0,3366626.9,-3.0)处的岩性为泥质粉质黏土。通过 1095 个钻孔,共获得 7459 个已知岩性点,这些点根据地质背景分为 6 类:粉砂、粉土、粉质黏土、砂砾石、砂质粉土和淤泥质粉质黏土。研究区的岩性分布不均匀(图 6.3),其中粉质黏土占比最高(57.6%),砂砾石占比最低(0.7%),淤泥质粉质黏土、砂质粉土、粉砂和粉土的比例分别为 19.1%、16.4%、4.7% 和 1.5%。

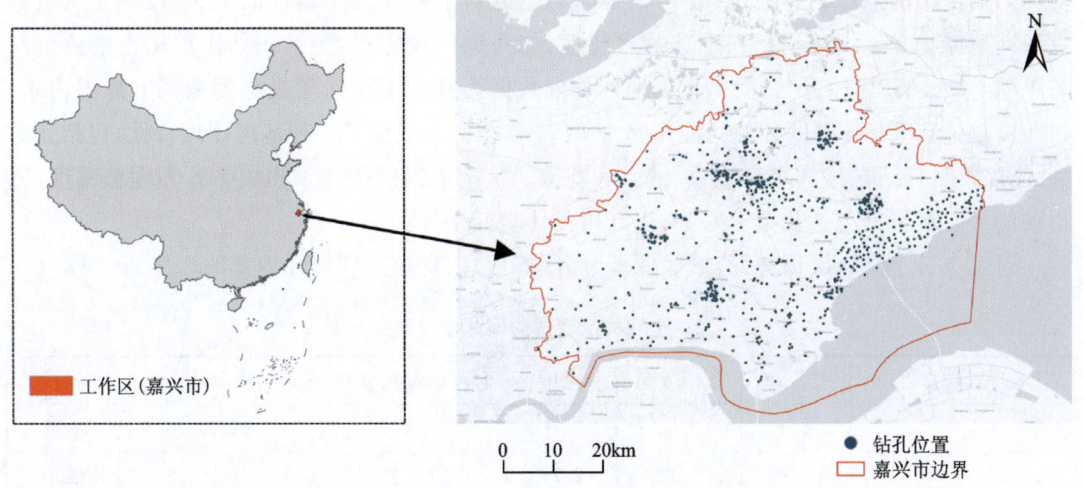

图 6.2 岩性钻孔分布图

表 6.1 部分钻孔数据示例

ID	X	Y	层顶埋深/m	层底埋深/m	层厚/m	岩性
1	243684.0	3366626.9	0	−3.0	3.0	粉质黏土
1	243684.0	3366626.9	−3.0	−15.0	12.0	淤泥质粉质黏土
1	243684.0	3366626.9	−15.0	−27.9	12.9	淤泥质粉质黏土
1	243684.0	3366626.9	−27.9	−40.9	13	粉质黏土
1	243684.0	3366626.9	−40.9	−47.6	6.7	砂质粉土
1	243684.0	3366626.9	−47.6	−49.1	1.5	粉质黏土

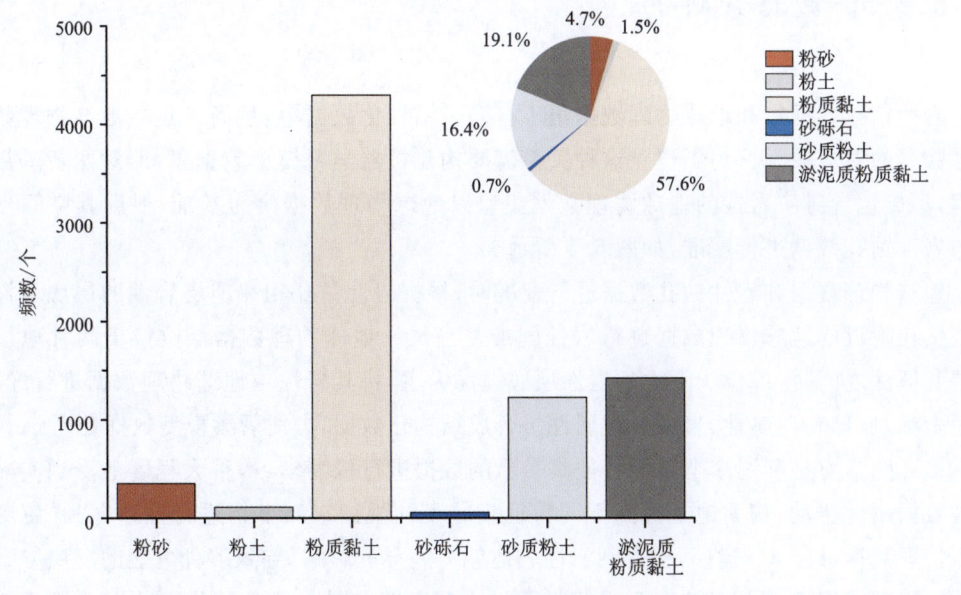

图 6.3 钻孔数据岩性分布图

本章使用的地球物理数据（表6.2）源于对工程岩土钻孔的土壤样品测试，反映了土壤的一系列地球物理土壤的一系列地球物理特性，如孔隙比和比重[121]。例如比重是土壤质量与同体积4℃水的质量之比。所采集的地球物理数据为在特定钻孔随机深度测试土样的记录，如在1号钻孔2.7m深度处的孔隙率为1.3（表6.2）。共记录了6种地球物理特性，包括孔隙率、压缩模量、比重、饱和单位重量、液限和塑限。这些数据仅标注了相关钻孔和埋藏深度，因此在使用前需将其与钻孔数据对齐，以获得具体空间坐标。

通过 X、Y 坐标，层顶埋深，层底深埋，层厚等信息，反映具体钻孔内部的岩性。

表6.2 土壤样品测试的地球物理数据示例

ID	取样深度/m	孔隙率	压缩模量	比重	饱和单位重量/kg·m^{-3}	液限/%	塑限/%
1	−2.7	1.3	2.61	2.76	45.6	47.3	26.5
1	−6.0	0.8	6.12	2.74	25.9	40.8	22.7
1	−10.4	0.8	4.57	2.73	29.7	34.2	20.1
1	−18.8	0.9	3.97	2.73	33.3	35.3	20.6
1	−23.3	0.9	3.81	2.73	32.6	36.5	21.0
1	−34.4	0.9	4.85	2.73	32.0	36.0	20.9
1	−38.9	1.1	5.70	2.76	39.2	43.2	23.0

地球物理数据代表地质体的物理特性，可以通过反演转化为物性参数。然而，各类地质体的物性参数并非唯一，存在重叠，导致单一地球物理数据反演出的岩性存在多解性，降低了解释的可靠性。

6.2.3 数据集划分

岩性钻孔数据集和地球物理数据集不在同一结构化数据中，且尚未建立地球物理数据和岩性数据的对应关系。为了建立这种关系需要构建机器学习模型数据集，即对两者进行合并处理，形成包含对应岩性的地球物理数据集。以地球物理数据集为基准，根据其空间点位坐标与岩性钻孔数据进行配准，如图6.4所示。

地球物理数据和岩性钻孔数据进行配准时，根据岩性钻孔相邻地层岩性的层底埋深对处于该钻孔附近的地球物理数据进行岩性配准。当某一地球物理数据点位位于两种地层岩性的层底埋深之间时，以位于下方的岩性层底埋深为主，将其岩性与地球物理数据进行配准，将空间坐标、地球物理属性、岩性3种属性组合成结构化数据，方便后续模型数据处理。

多视图学习是利用多个不同特征集表示的数据进行机器学习，很大程度上受到实际应用中的数据属性驱动，其关键是找到不同特征集或不同视图来对事物进行描述[122]。使用单一地球物理数据进行3D建模，会受到岩性表达能力差异的影响，导致多种可能的解决方案。例如地球物理数据A可以清楚地区分岩性类别1和岩性类别2，而地球物理数据B则不能。那

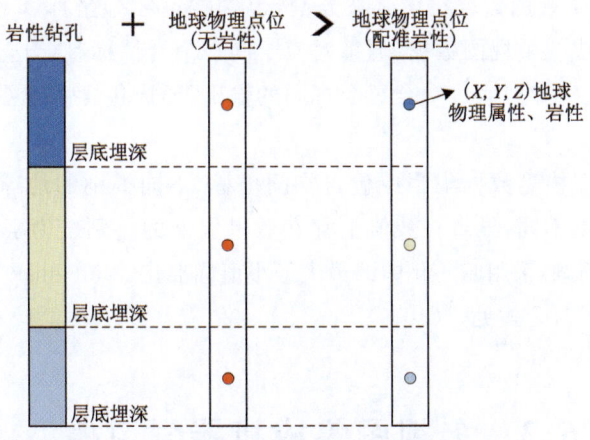

图 6.4　岩性数据和地球物理数据匹配示意图

么,单独使用这两个地球物理数据进行 3D 建模的结果就会产生很大的差异,故结合多个地球物理数据是有效的。然而,仅在单一视点下考虑所有地球物理数据使得很难充分利用它们的表现力来实现完整的数据融合。此外,增加数据维度使岩性分类和预测变得复杂。为此,根据地球物理数据反映的物理特性,将初始数据集分为 3 个部分,分别表示结构强度、密度和含水量(图 6.5)。具体来说,孔隙率反映了岩石和土体的致密程度和强度;压缩模量可以用来确定物体的硬度及其对外力变形的响应[123-134],划分为结构强度视图;比重、饱和单位重量代表了岩石和土壤的密度特征,属于密度视图;液限和塑限分别是指塑性状态下水分含量的上限、下限,属于水含量视图。

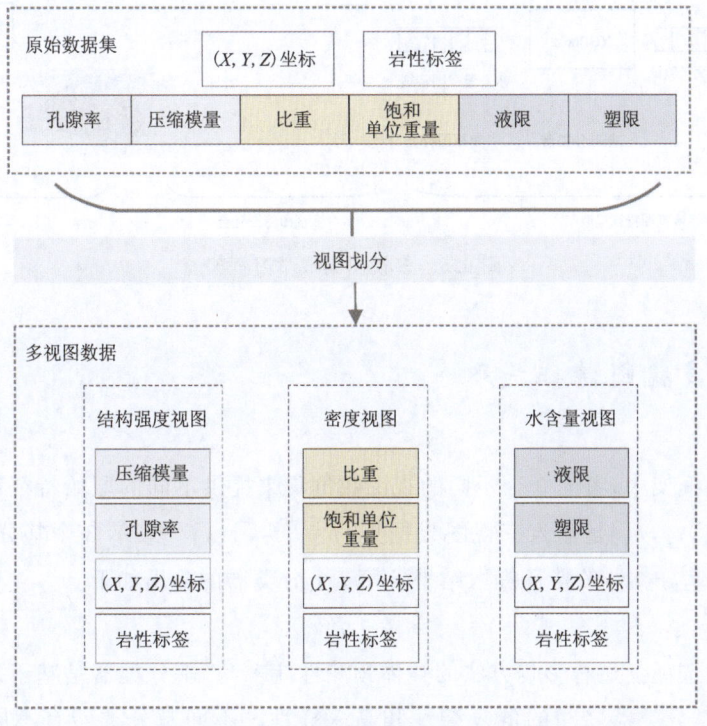

图 6.5　数据集划分过程

值得注意的是,3个视图数据集没有被分割,包含(X,Y,Z)坐标、6个地球物理数据和岩性标签的数据被分割成3个视图数据,但都对应于同一个岩性标签。这样的划分可以降低数据维度和解译复杂度。同时,通过融合每个视图的输出,形成包含多视图信息的新特征,从而实现数据的充分整合。

由于当前机器学习模型数据集当中包含空间坐标、不同类别的地球物理属性等数据,反映岩石岩性特征的量纲不同,导致在数值上存在数量级上的差别。为了消除数据量纲不同产生的模型训练不收敛问题,采用归一化中的最大最小值标准化(Min-max Normalization,MMN)方法对数据进行处理[125],公式见式(3-4)。

6.3 多视图集成机器学习模型

为了充分学习和集成不同视图的特征,提出了多视图集成学习框架,见图6.6。它包括3个主要步骤:①多视图特征提取;②多视图特征融合;③特征学习和分类。

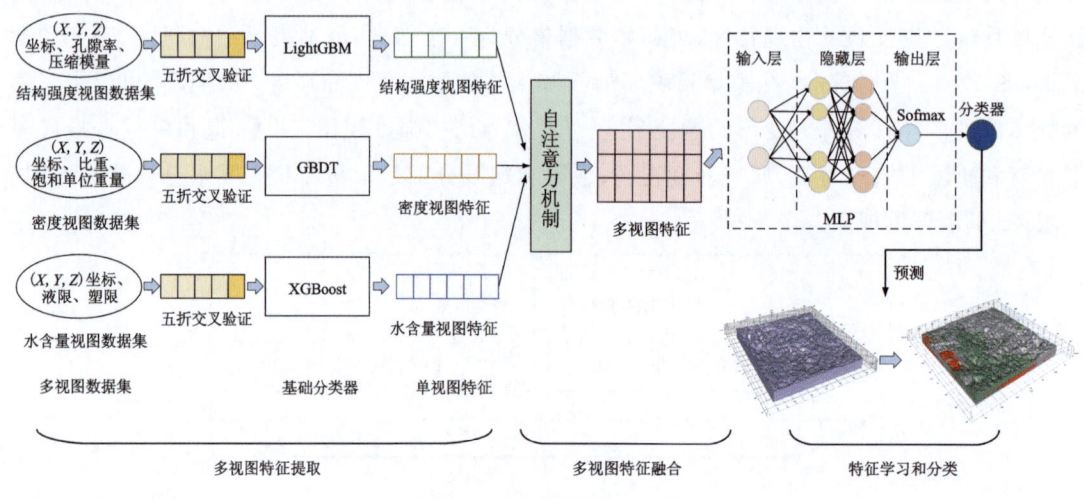

图6.6 多视图集成学习框架

6.3.1 多视图特征提取

在所提出的框架中,考虑3个不同的视图数据集来提供不同的原始特征以增强岩性分类的性能。$V=[v_1,v_2,v_3]$是输入三视图数据集,$f=[f_1,f_2,f_3]$表示3个基分类器。$Z=[z_1,z_2,z_3]$表示3个基分类器的特征提取结果。第i个分类器的输出如下

$$z_i = f_i(v_i) \quad (6-1)$$

基分类器的选择会显著影响方法的整体预测性能[125]。基分类器是基于以下两个标准预先选择的:不同基分类器之间的低复杂性和高多样性。不同基分类器有不同的组合生成特

征,这些特征被馈送到元分类器中以进行最终预测,输出 $Y=(,,\cdots,)$,采用交叉熵损失来评估基分类器组合的分类性能,公式如下

$$loss = -\sum_{i=1}^{n} y_i \log_2 \hat{y}_i \quad (6-2)$$

式中:y_i 是真实标签;$\hat{y}_i$ 是预测标签。

对于 m 个预选的基础分类器,可以产生 m^3 个组合(假设基础分类器可以重复使用)。$loss$ 越小,基础分类器组合的性能越好。由此可以计算出最佳分类器组合。

6.3.2 多视图特征融合

在这里设计了一种自注意力机制来融合各个视图的有效信息,并提供地下空间岩性的全面表征。它能够根据输入向量与目标变量的相关性有选择地对输入向量进行加权,从而有效地处理复杂且嘈杂的数据集。这种方法突出了第一级基分类器输出的重要视图信息,从而提高了第二级元分类器的性能。计算公式如下

$$Attention(\mathbf{Q},\mathbf{K},\mathbf{V}) = softmax\left(\frac{\mathbf{QK}^{\mathrm{T}}}{\sqrt{d_k}}\right)\mathbf{V} \quad (6-3)$$

式中:$\mathbf{Q}$、$\mathbf{K}$、$\mathbf{V}$ 是向量矩阵,通过映射视图输出的结果获得;d_k 是缩放因子。

6.3.3 特征学习和分类

自注意力机制记录的特征由元分类器学习并用于岩性解码。MLP 被用作所提出的多视图集成学习方法中的元分类器。它是复杂地质数据非线性绘图的强大工具,由输入层、隐藏层和输出层组成,相邻层全连接,并迭代调整神经元的权重,以提高其非线性映射能力。通过增加神经元数量和迭代次数,MLP 可以自适应地拟合数据并表现出强大的性能。因此,将其用作元分类器可以有效地处理从基分类器传输来的具有多个类别和特征的概率数据,并进行自适应拟合以获得最佳性能。

多视图集成学习模型训练过程如图 6.7 所示,使用自注意力加权组合来自第一级基分类器输出的预测类别概率,并用作第二级元分类器的输入特征。为了避免过度拟合并获得最佳参数,应用五折交叉验证方法来训练每个基分类器[127]。在模型训练过程中,使用 Scikit-Learn ML 包提供的参数优化方法 GridSearchCV 来提高超参数选择的效率。在训练多个模型时,这种方法对提高模型性能十分有效。最后,使用训练好的模型来预测 3D 空间网格点的岩性标签,并利用 GOCAD 实现 3D 模型构建。

```
Input: The view dataset V₁, V₂, V₃
Output: Multi-view ensemble learning models
1: X=[] // Used to store multi-view features
2: foreach i in V_n do
3:     X_i=[] // Used to store single view features;
4:     foreach j in range(5) do
5:         [C₁,C₂]=StratifiedKFold(V;) // 5-fold cross-validation division, C₁ is the
                   training set, C₂ is the test set
6:         P=train(C1) // Training with 4 folds of the 5-fold split, the training model is
                   adjusted with the view
7:         R=P.predictProba(C2) // Predicting the probability of a separate 1-fold in a
                   5-fold split
8:         X_i=verticalSplice(X_i, R) // Stitching the predictions vertically
9:     end
10:    X=horizontalSplice(X, X_i) // Splice each view prediction horizontally
11: end
12: X=SelfAttention(X) // Computing feature vectors using the self-attentive mechanism
13: U=train(X) // Training MLP model using feature vectors
14: return U
```

图 6.7 多视图集成学习模型训练过程

6.4 实验和结果分析

在上述框架基础上,对实际岩性钻孔数据和地球物理数据的解析过程进行案例分析,针对岩性钻孔数据和地球物理数据在综合利用过程中遇到的难题,采用所提出的多视图集成机器学习模型进行改进。针对在传统机器学习岩性识别过程中,地球物理数据利用不充分问题,建立包含 1000 多条岩性钻孔数据和 10 000 多个地球物理数据点位的数据集,训练了机器学习岩性识别模型,并验证了多视图集成机器学习模型基于岩性钻孔数据和地球物理数据的岩性识别性能。首先,通过对比试验验证了提出的多视图集成学习方法相比单一分类器在岩性识别精度方面的提高;其次,利用克里金插值分别建立孔隙率、压缩模量、比重、饱和单位重量、液限、塑限 6 种三维地球物理属性模型,为机器学习岩性识别提供了数据基础;最后,根据预设的地层格网控制密度大小,得到每个空间网格的 (X,Y,Z) 坐标以及 6 种地球物理属性数据,利用了训练好的机器学习模型建立了岩性控制空间格网,为后续建立三维地质模型提供了数据基础,并通过香农熵建立了三维不确定性模型,验证了所建岩性控制格网的精度。

6.4.1 实验部分

地球物理属性数据中各类特征属性与岩性之间的关系如图 6.8 所示。各种岩性所反映的地球物理属性之间虽然有差异,能够根据此进行一部分的岩性识别,但是仍有重叠部分,导致反演出现多解性。尽管采用同一岩性的多样化地球物理属性进行岩性识别,能够有效降低地球物理资源的多解性,提高识别准确性和稳定性。但如何对能多角度反映岩性物理属性的地球物理数据集进行利用、提高岩性识别的性能、减轻岩性解译的复杂性、增强地质解译的可靠性是当前地质领域的重要课题,也是为三维地质建模领域需要数据约束的关键所在。

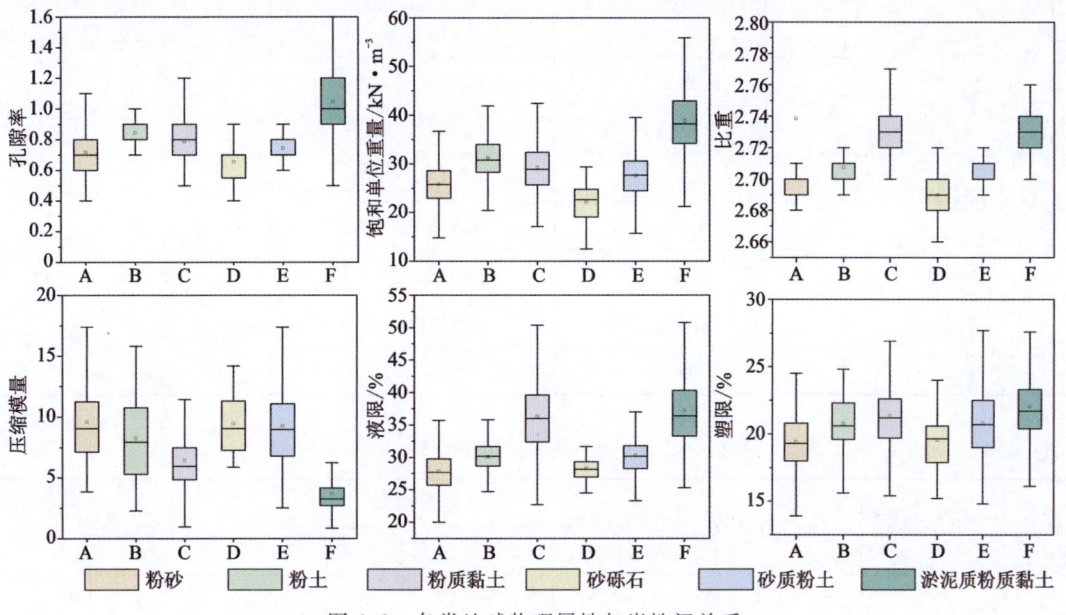

图 6.8　各类地球物理属性与岩性间关系

对齐原始地质和地球物理数据产生了包含 13 556 个对齐点的数据集,尽管每个地球物理变量都可以在一定程度上区分 6 种岩性,但仍然存在判断困难的情况。例如孔隙率可以很好地区分岩性 C 和 F,但很难区分 B 和 C;比重可以很好地区分 B 和 C,但很难区分 C 和 F;压缩模量可以很好地区分岩性 F 和其他岩性,但很难区分岩性 D 和 E。仅组合 6 种地球物理数据作为模型输入可能引入噪声,使解释过程复杂化。例如比重、液限更能区分岩性 B 和 C,而孔隙率、饱和单位重量、压缩模量和塑限则很难区分这两者。因此,简单地连接 6 种地球物理数据很大程度上降低了区分这两种岩性的能力。

根据地球物理数据所反映的物性差异,将原始数据集划分为三视图数据集。表 6.3 列出了一部分归一化后的多视图 ML 数据集。

训练不同的机器学习模型以在构建的视图数据集上提取不同的视图特征。基于自注意机制融合后的特征,使用 MLP 模型来学习 3D 空间点位置和岩性标签之间的关联。GridSearchCV 用于参数优化,最佳分类器组合的超参数优化结果如表 6.4 所示,本次研究方法与一些经典

表 6.3　一部分归一化后模型输入的多视图 ML 数据集

类别	特征	数据	岩性标签
结构强度	X	0.415 803 808	粉质黏土
	Y	0.099 997 147	
	Z	0.313 276 027	
	孔隙率	0.566 666 667	
	压缩模量	0.229 945 055	
密度	X	0.415 803 808	粉质黏土
	Y	0.099 997 147	
	Z	0.313 276 027	
	比重	0.099 630 996	
	饱和单位重量	0.407 246 377	
含水量	X	0.415 803 808	粉质黏土
	Y	0.099 997 147	
	Z	0.313 276 027	
	液限	0.112 376 847	
	塑限	0.515 970 516	

表 6.4　超参数搜索结果

阶段	分类器	超参数	折叠搜索结果					搜索范围
			1	2	3	4	5	
1	LightGBM	最大深度	8	4	7	6	8	[4,10]
		叶子树	90	15	55	15	10	[5,100]
		最大箱数	155	115	195	125	145	[5,256]
	GBDT	学习率	0.02	0.03	0.03	0.03	0.03	[0.01,0.04]
		最大深度	300	100	200	300	300	[100,300]
		n_估计器	5	5	4	4	4	[1,5]
	XGBoost	最大深度	4	4	4	4	4	[1,5]
		学习率	0.21	0.06	0.11	0.11	0.16	[0.01,0.3]
		伽马	0.20	0.25	0.15	0.20	0.25	[0.1,0.3]
		n_估计器	300	400	700	400	400	[100,1000]
2	MLP	hidden_layer_sizes	(100,60,20,10)					—
		优化器	sgd					['adam','sgd','lbfgs']

的机器学习方法进行了比较。基分类器采用五折交叉验证方法,每个折都有一个最佳参数,每个参数的搜索范围是根据经验设置的。对于 MLP,通过测试选择了 4 个深度的隐藏层,隐藏层神经元的数量分别为 100、60、20 和 10。

6.4.2 分类器选择

本实验中共评估了 8 种经典的机器学习方法,并将其作为基本分类器类型,分别为 KNN、SVM、DT、RF、GBDT、XGBoost、LightGBM、CatBoost,详细介绍见第二章。8 种机器学习方法,可以组合成 512 种不同的分类器组合,所提出的方法在不同分类器组合下的性能存在差异,选择适合的分类器组合可以提高方法的性能,评估指标选用 OA(总体精度,Overall Accuracy)。

如图 6.9 所示,当 LightGBM 用于结构强度视图,GBDT 用于密度视图,XGBoost 用于水分含量视图时,该模型实现了最佳性能。对于不同的视图数据集,不同的机器学习模型的处理能力存在显著差异。例如将 XGBoost 用于结构强度视图,LightGBM 用于密度视图,GBDT 用于含水量视图时,模型性能降低了 1.8%;"XGBoost+SVM+GBDT"组合性能比"GBDT+XGBoost+SVM"组合性能低 7.3%。基于性能考虑,最终选择 LightGBM 学习结构强度视图中的特性,GBDT 学习密度视图,XGBoost 学习含水量视图。

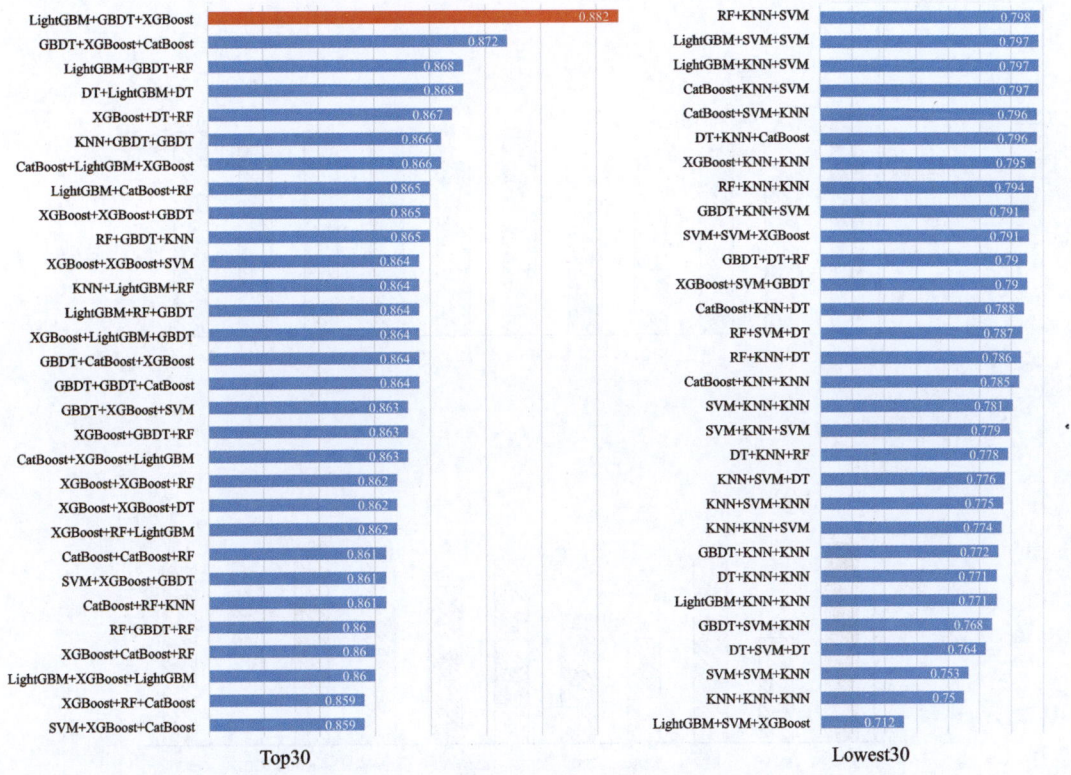

图 6.9 排名前 30 和后 30 的分类器组合

6.4.3 性能比较与误差分析

本实验将多视图集成学习模型的性能与其他基础的机器学习分类器进行了比较,选择了 10 个基线模型(包括 SVM、RF、KNN、DT、XGBoost、MLP、CatBoost、LightGBM、GBDT 和 Stacking 模型)。这些分类器使用相同的训练集进行训练,并使用相同的测试集根据 F1 分数、OA(总体精度,Overall Accuracy)和 Kappa 系数评估其性能。对于单视图方法,将所有 6 个地球物理数据融合在一起作为输入。比较结果如图 6.10 所示。

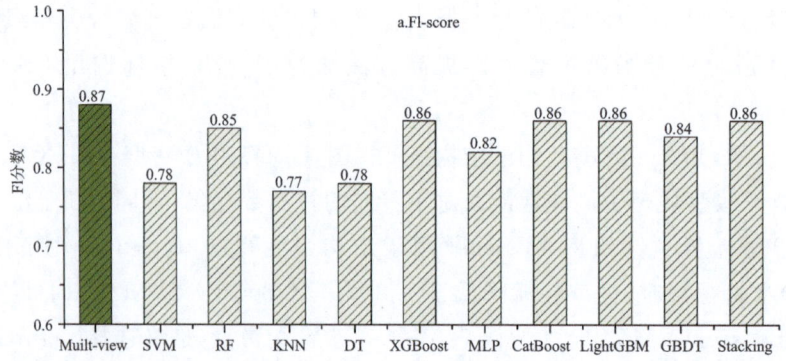

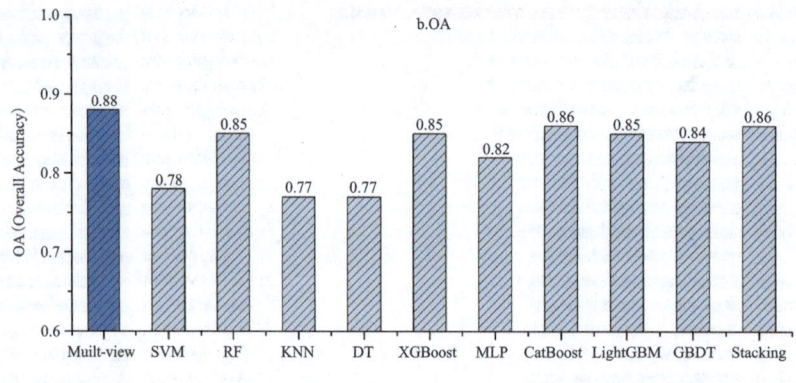

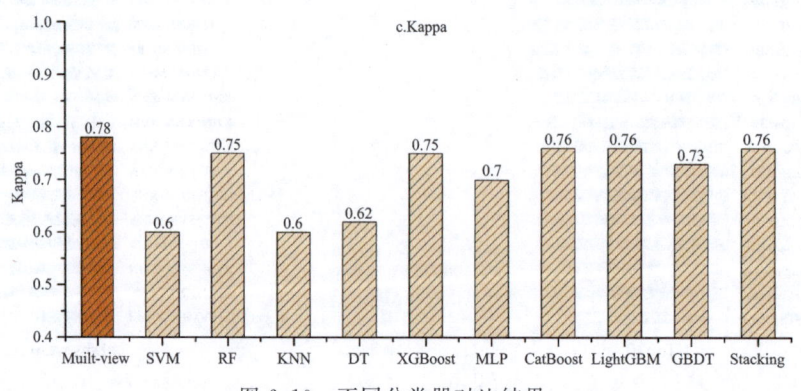

图 6.10　不同分类器对比结果

由图 6.10 可知，本实验的多视图机器学习模型在 F1 分数、OA、Kappa 系数三方面均达到最佳。在 F1 分数方面，本实验模型高出 XGBoost、CatBoost、LightGBM 三个以 DT 为支撑的集成学习算法 1% 以上，超出 SVM、KNN、DT 经典分类器 9% 以上，表明本实验模型在平衡精确率和召回率两个指标情况下，能够较好地对地层岩性进行分类预测。在总体精度方面，本实验模型高出其他模型 1% 以上，其中高出较其他模型表现较好的 CatBoost 模型 1%，比表现最差的 KNN 和 DT 模型高 10%，表明本实验模型正确预测大部分控制格网的地层岩性。在 Kappa 系数方面，多视图模型分数达到 0.78，分类效果达到高度一致性等级，高出表现较好的 CatBoost、LightGBM 模型 2%，高出表现较差的 SVM、KNN 模型 18%，表明多视图模型利用岩性钻孔数据和地球物理数据预测地层岩性的一致性较好。综合 F1 分数、总体精度 OA 和 Kappa 系数 3 个模型评价指标，较其他分类机器学习模型而言，本实验提出的多视图模型面对岩性钻孔数据和地球物理数据取得了最好的效果。

本实验建立的多视图集成机器学习分类器的归一化混淆矩阵见图 6.11。混淆矩阵通过比较分类结果和真实值，清晰地反映出分类情况的数量关系，正确的分类都处在混淆矩阵的对角线上[93]。如图 6.11 所示，粉质黏土和淤泥质粉质黏土的分类正确率最高，达到 90% 左右，砂质粉土的分类正确率也达到 82%。由实际钻孔反映的地层岩性数量来看，以上 3 种岩性占比和达到 93.1%，现实地层中以上岩性占比达到最高，表明本实验模型能够正确预测现实地层中大部分岩性。而粉土和砂砾石两种分类正确率不够理想，原因是在现实地层分布中这两种岩性的占比过低，导致建立的数据集中以上两种岩性占比较低，其中粉土占比仅为 0.7%，砂砾石占比仅为 1.5%，以至于训练样本过低导致模型分类预测该类的正确率降低。总体来看，本实验模型在面对岩性钻孔数据集和地球物理数据集时有良好的预测分类性能，在对地层岩性进行分类预测时能够达到较高的正确率。

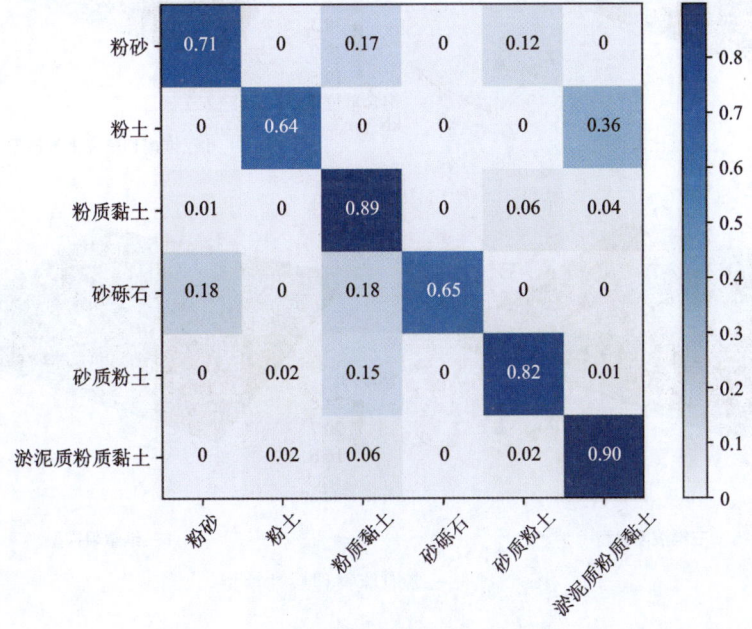

图 6.11　多视图集成机器学习归一化混淆矩阵

6.4.4 3D建模评估与不确定性分析

本章实验选择浙江省嘉兴市一个 3km×3km 的区域进行岩性预测,并利用 GOCAD 软件进行三维建模。具体建模步骤如下。

(1)利用 GOCAD 建立该区域的三维网格模型,每个网格的分辨率为 50m×50m×50m。

(2)利用克里金插值法建立 6 个地球物理属性模型(图 6.12)。

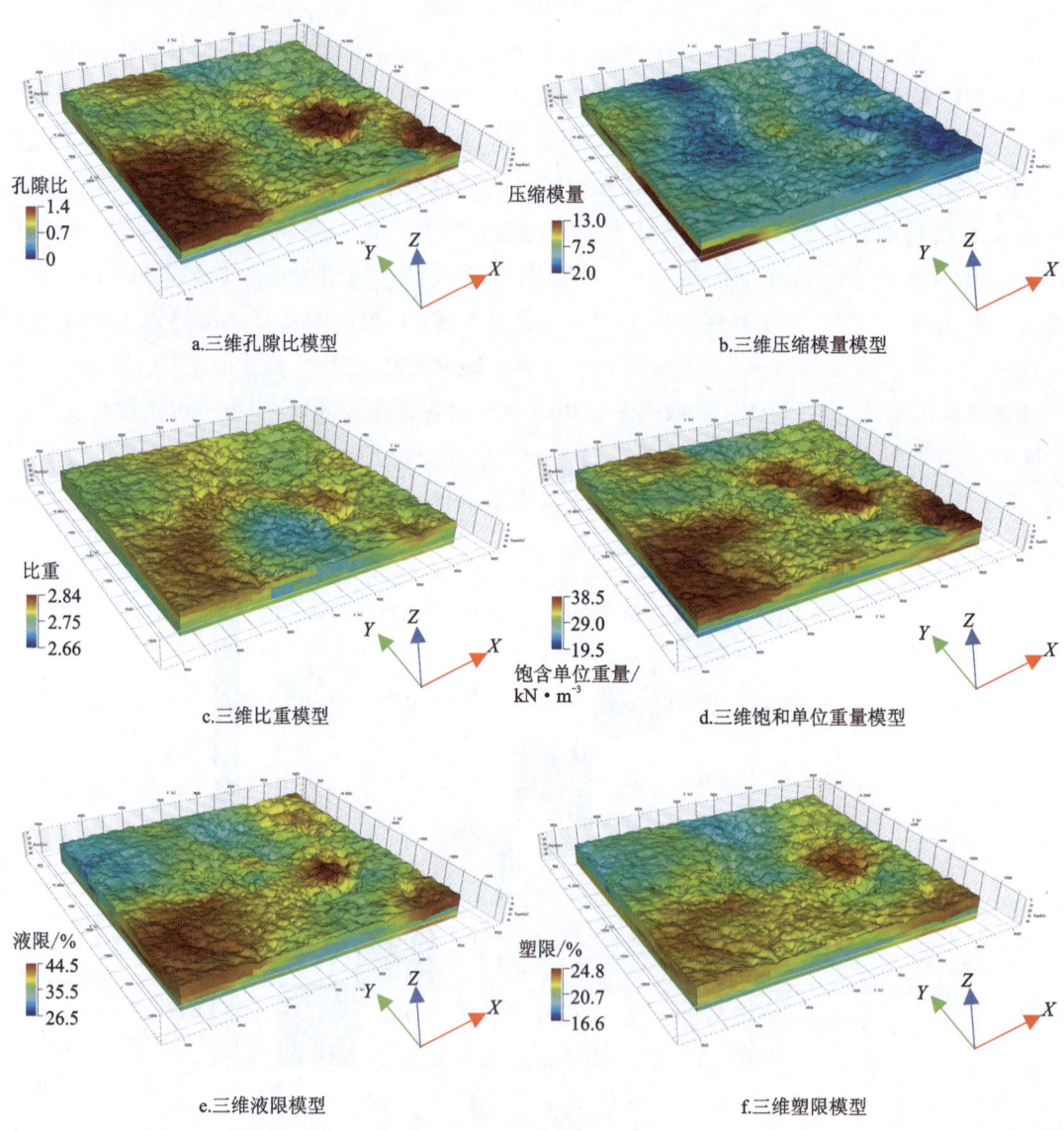

图 6.12 三维地球物理属性模型

(3) 从 GOCAD 导出每个网格单元的空间坐标和 6 种地球物理数据的相应值,然后将其输入优化的多视图集成学习模型。

(4) 利用多视图集成学习模型对输入的特征进行解码,以获得每个网格单元的岩性标签。

(5) 最后,利用 GOCAD 将岩性标签插值到每个网格单元,生成三维模型(图 6.13a)。

为了验证 3D 模型的准确性,利用信息熵在选定的区域中建立了不确定性模型(图 6.13b、图 6.14),构建的模型仅反映了 5 种岩性的分布,其中粉质黏土所占比例最大,其次是淤泥质粉质黏土和砂质粉土。尽管淤泥、砂子和砾石存在于预测结果中,但由于其比例较低,它们在模型中基本上不可见。该岩性分布规律与局部地区钻孔反映的岩性分布一致。具体而言,模型区上部主要分布淤泥质粉质黏土,下部主要分布砂质粉土,整个模型区均分布粉质黏土。

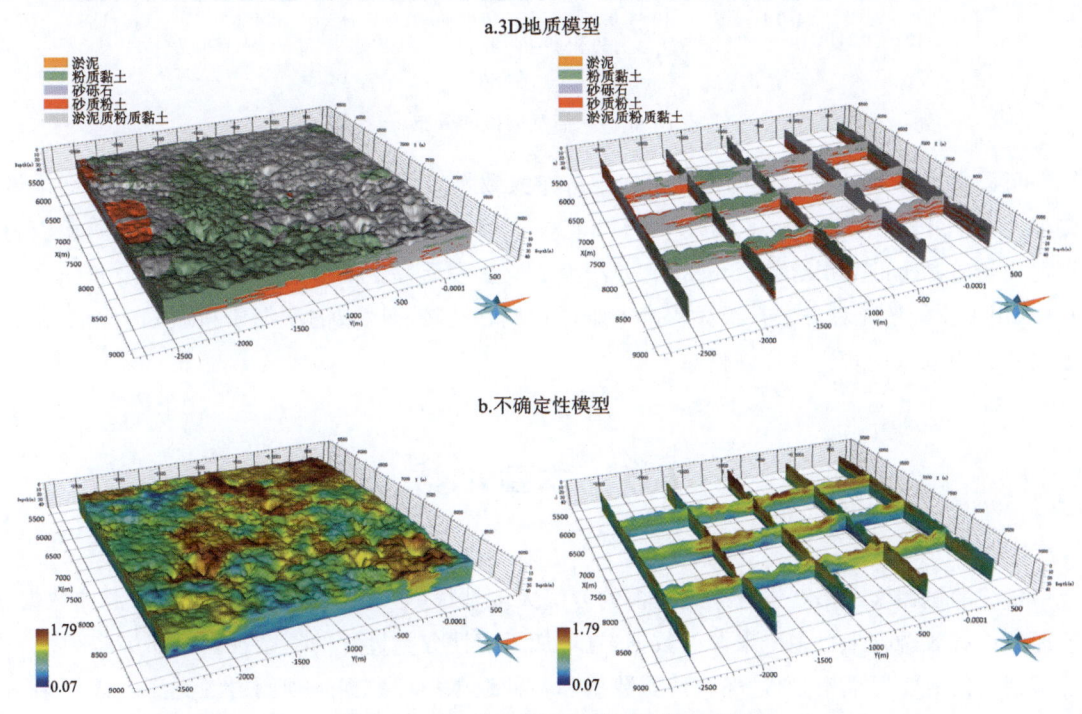

图 6.13 3D 地质模型及其不确定性模型

模型总体不确定性较低,除地表局部区域熵值较高外,大部分网格信息熵值均低于 1.1(图 6.13b、图 6.14)。熵值在 0.07～0.24 范围内的分数最高,表明多视图的三维建模方法可以准确预测模拟区域的大部分岩性。由图 6.13b 可知,不确定性较高的区域基本处于岩性交错分布的区域。不确定性最高的是粉质黏土和淤泥质粉质黏土散布的区域,如图 6.13b 模型的北部部分区域。通过对比两者的岩性描述,发现它们在颜色、厚度、物理性质、所含物质等方面具有很高的相似性,使得这种现象具有合理性。岩性描述举例如下。

(1) 粉质黏土:灰色,软至可塑,层状较厚,有机质斑点较少。

(2) 淤质粉质黏土:灰色,流塑性,厚层状,含有半腐烂的植物残体、有机质,土质较差。

图 6.15 显示了所提出的方法与 4 种较先进方法(Stacking、CatBoost、LightGBM、XGBoost)的建模结果。选择训练中未使用的 3 个钻孔数据作为验证数据来验证所构建模型的可靠性。

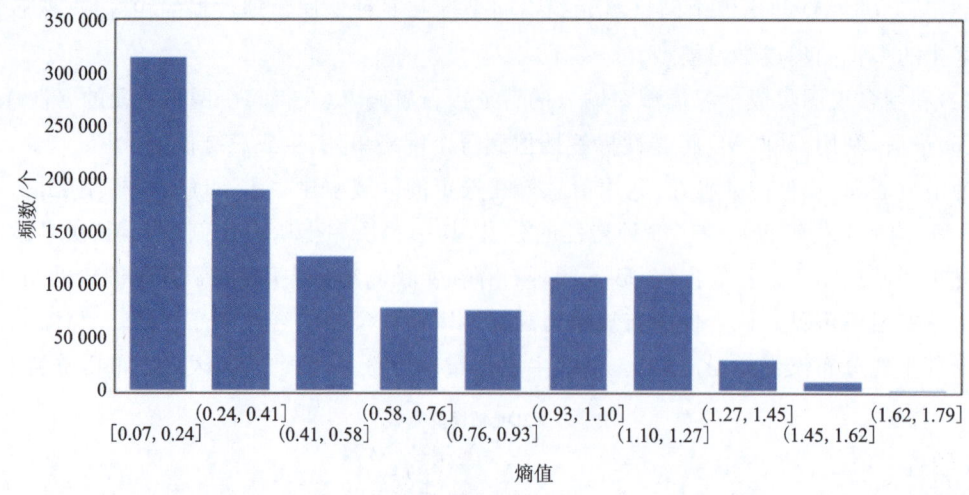

图 6.14　信息熵值的分布

可以看出,5 种方法构建的模型中岩性分布大致相似,叠加法的结果与本文方法的结果最接近。在 1 井位置,CatBoost、LightGBM 和 XGBoost 方法均无法反映粉质黏土、砂质粉土和淤泥质粉质黏土的互层分布,Stacking 方法无法反映粉质黏土的分布情况。在 2 号和 3 号钻孔中,用于比较的 4 种方法在很大程度上难以预测钻孔较深区域的淤泥质粉质黏土;相反,所提出的方法可以反映这些详细信息。

6.5　本章小结

传统的机器学习模型进行三维建模的方法大多是从单一视图分析来自不同来源的数据。这即难以有效融合来自多个来源的数据,且增加了岩性分类过程的复杂性。本研究提出了一种多视图集成学习框架,通过融合地质数据和各种地球物理数据来预测岩性类型。该框架利用自注意机制整合了结构强度、密度和水含量 3 种视图下的岩性表征。为了验证该框架的性能,将其与 SVM、RF、KNN、DT、XGBoost、MLP、CatBoost、LightGBM、GBDT 和 Stacking 等常用的机器学习模型进行了比较。结果表明,多视图集成学习模型有效提高了岩性预测的准确性,并提高了多源数据的使用效率。此外,还利用信息熵对构建的三维模型的不确定性进行了评估,大部分区域的信息熵值低于 1.1,不确定性较低。在岩性分布交错的区域,不确定性较高,这与实际感知相符。与以往的叠加集合方法相比,本章提出的多视图集成机器学习方法具有更大的潜力,尤其是在处理大型数据集或高维特征时。

第 6 章 一种多视图的三维建模方法

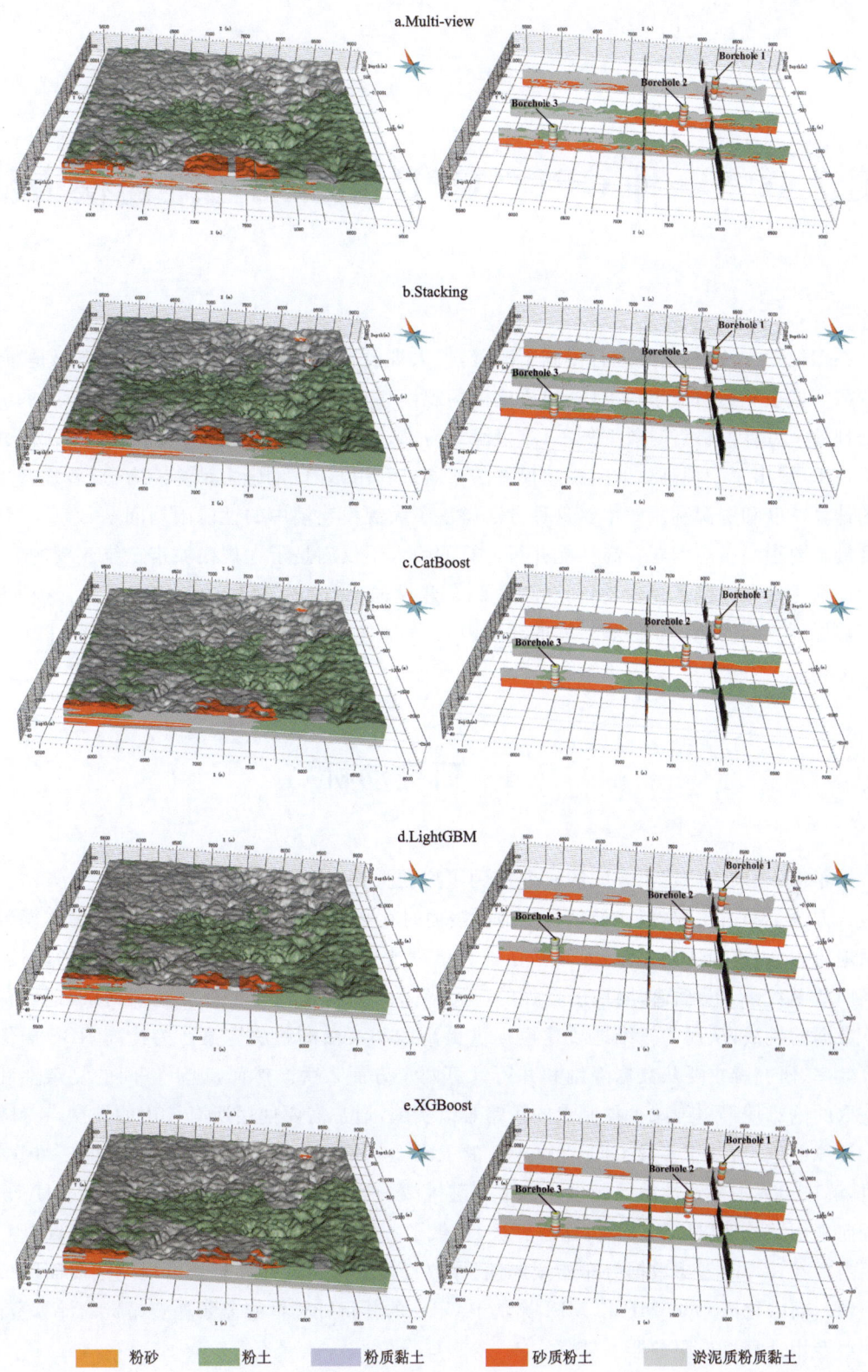

图 6.15 不同模型结果比较

第 7 章　一种 GPU/CPU 并行的三维建模方法

在多视图方法中,信息融合得到了改善,但大规模岩性预测任务中的计算效率仍是瓶颈。随着数字城市和透明城市的推广,地质建模的规模和复杂性不断增加,传统基于 CPU 的方法在处理数十万计网格点时效率低下,难以满足需求。为应对这一挑战,本章引入了 GPU 并行计算技术,提出了一种高效的三维建模方法。通过利用 GPU 的强大计算能力,显著提升了模型的计算速度和资源利用效率。这种方法解决了大规模建模中的性能限制问题,避免了计算速度慢和内存溢出等问题。高性能并行计算的引入不仅满足了大规模城市三维建模的需求,还为精细化发展提供了技术支持,为构建综合建模框架打下了坚实的基础。此外,这种方法还能够处理复杂的地质条件和多变的环境因素,为未来的城市规划和地质研究提供了更加可靠的工具。

7.1　研究动机

近年来,三维地质建模方法的研究得到了广泛关注,主要分为显式方法和隐式方法。虽然显式方法早期占主导,但在处理复杂地质表面时存在局限。隐式方法通过使用隐式函数来表示地质表面,逐渐成为主流,尤其是在计算机性能提升后。在隐式方法中,各种插值技术,如径向基函数(RBF)插值,展现出较强的应用潜力。RBF 插值能够处理复杂约束,适应稀疏地下数据的挑战,从而为三维地质建模提供更高效和灵活的解决方案。为提高 RBF 插值的计算效率,研究者主要从数据降维和并行计算两个方面入手。然而,地下空间的复杂性和数据获取的困难使得单纯减少控制点的策略难以实施,通常需要使用所有可用的控制点。随着并行计算的进步,基于多核 CPU 和 GPU 的 RBF 方法被广泛应用,以实现高效的三维建模,同时,解决边界不一致性的问题也成为了关键挑战。第四章提出了空间自适应细分 Hermite 型径向基函数差值(HRBF)并行建模算法,提供了并行建立地层曲面的算法基础。HRBF 插值因需要在计算时考虑数据分布的全局性,导致直接进行并行计算时易出现地层曲面不拟合的问题。而常见的 OpenMP 和 MPI 等基于 CPU 的并行计算框架需要耗费昂贵的计算资源,如大型专用计算机或服务器。

Nvidia 公司推出了 CUDA 编程框架,该框架能够利用 GPU 多线程的优势进行并行计算,大幅度提高了并行计算的性能。利用 CUDA 进行空间自适应细分 HRBF 并行建模算法加速时,需要合理调度 CPU、GPU 等硬件。本章将 CUDA 引入 HRBF 并行地质建模中,设计 CPU、GPU、显存、内存等硬件的协同调用建模流程,提出了基于 CUDA 的 HRBF 并行地质建模算法,实现了隐式地质曲面的快速建立,进一步提高了建模效率。

7.2 技术路线

7.2.1 RBF 差值形式化

在介绍并行算法的计算框架之前,首先对基于 RBF 插值的三维地质建模问题进行形式化。它的基本思路是利用建模空间中的离散点,通过 RBF 插值生成地质表面,每个地质表面可以视作由共享相同材料属性的多个点组成的离散场[100]。HRBF 能够结合梯度信息,从而对三维空间模式进行更有效的约束。

因此,选择使用 HRBF,基于界面点和法向量构建隐函数,并提取该函数的零等值面,以此作为地质面。假设控制点云数据集为 $P=\{x_i\}_{i=1}^{n}(x_i\in R^3)$,其对应的法向量集合为 $N=\{n_i\}_{i=1}^{n}(n_i\in R^3)$,则 HRBF 表面重建方法使用所有控制点作为 Hermite 中心,构建隐式函数 $f:R^3\rightarrow R$,具体为

$$f(x)=\sum_{i=1}^{n}\{\alpha_i\varphi(x-x_i)-\langle\beta_i,\nabla_\varphi(x-x_i)\rangle\} \tag{7-1}$$

此处,$\varphi(x-x_i)=\Phi(\|x-x_i\|)$ 是全局支持径向基函数,标量系数 $\alpha_i=R$ 和向量系数 $\beta_i\in R^3$ 可以根据点的位置和方向信息被唯一确定。公式如下

$$\begin{cases}f(x)=\sum_{i=1}^{n}\{\alpha_i\varphi(x_j-x_i)-\langle\beta_i,\nabla_\varphi(x_j-x_i)\rangle\}=0\\ \nabla f(x)=\sum_{i=1}^{n}\{\alpha_i\nabla\varphi(x_j-x_i)-H\varphi(x_j-x_i)\beta_i\}=n_j\end{cases} \tag{7-2}$$

式中:n_j 是与采样点对应的法向量;H 是 Hessian 算子。公式如下

$$H=\begin{bmatrix}\frac{\partial^2}{\partial x\partial x}&\frac{\partial^2}{\partial x\partial y}&\frac{\partial^2}{\partial x\partial z}\\ \frac{\partial^2}{\partial y\partial x}&\frac{\partial^2}{\partial y\partial y}&\frac{\partial^2}{\partial y\partial z}\\ \frac{\partial^2}{\partial z\partial x}&\frac{\partial^2}{\partial z\partial y}&\frac{\partial^2}{\partial z\partial z}\end{bmatrix} \tag{7-3}$$

上述约束可以转换为矩阵形式,如式(7-4)所示(本质上是一个密集线性系统)。

$$AX=\begin{bmatrix}\varphi&-\nabla\varphi\\ \nabla\varphi&-H\varphi\end{bmatrix}\begin{bmatrix}\alpha\\ \beta\end{bmatrix}=\begin{bmatrix}0\\ n_j\end{bmatrix} \tag{7-4}$$

隐式函数的未知系数矩阵可以通过将已知点的坐标和法向量代入式(7-4)来获得。然

后,将重建空间中每个未知点的信息带入式(7-1),以计算函数值。根据函数值[式(7-5)],确定未知点与地质表面之间的空间关系,公式如下

$$f(x_i)\begin{cases} >0, x_i \in R^3, & \text{exterior} \\ =0, x_i \in R^3, & \text{on the surface} \\ <0, x_i \in R^3, & \text{interior} \end{cases} \tag{7-5}$$

7.2.2 计算框架

本章提出了一种基于径向基函数插值的三维地质建模并行计算框架。它的核心思想是通过基于区域分解的并行空间插值生成地质表面,并使用CUDA、GPU来加速并行过程。对于3D空间中的地质表面,逐层执行,并行插值,其中每层独立地利用GPU上的专用网格的计算资源。该方法通过将空间自适应采样与两级插值相结合,在保证生成的地质表面拓扑一致性的同时,有效地降低了内存和计算压力。具体地,并行框架过程执行以下8个步骤。本章研究的技术路线框架及建模流程如图7.1所示。

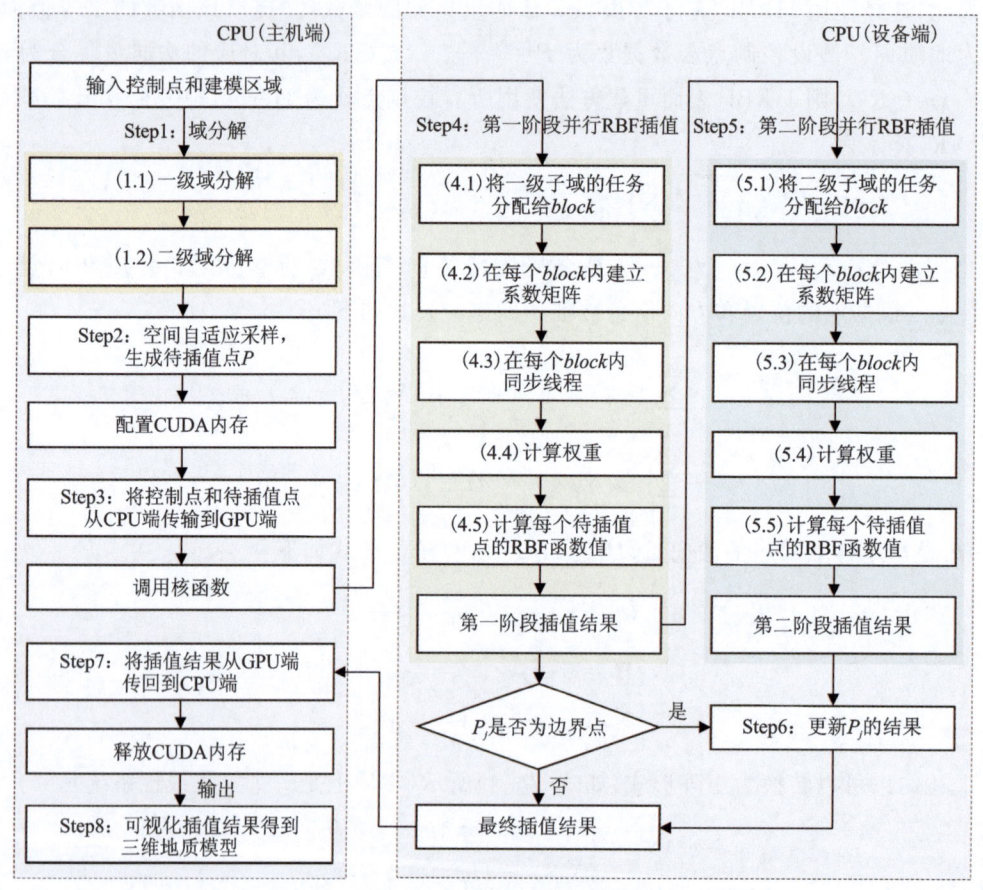

图7.1 总体技术路线框架图

(1) 将整个建模区域分解为多个子域,以形成并行计算单元,包括一级和二级域分解。然后,根据各自的子域读取输入控制点的子集。

(2) 对每个子域进行空间自适应采样,以形成插值点集,称为插值点。

(3) 将控制点和插值点从主机内存转移到设备内存,即从 CPU 转移到 GPU。

(4) 在 GPU 上执行第一阶段的并行 RBF 插值,将每个一级子域分配给一个块。该过程包括基于控制点子集创建系数矩阵、在每个块内同步线程、使用式(7-4)计算系数矩阵,以及根据式(7-1)计算插值点的 RBF 值。

(5) 在 GPU 上执行第二阶段的并行 RBF 插值,计算过程与步骤(4)相同,唯一的区别是并行单元现在为二级子域。在此步骤之前,需要将第一阶段插值的结果存储在 GPU 的全局内存中,并释放第一阶段插值过程中占用的缓存。

(6) 更新边界区域的插值结果。验证插值点是否位于一级子域的边界区域。如果是,则用第二阶段插值的结果更新该点的 RBF 值;否则,保留第一阶段插值的结果。

(7) 将插值结果从 GPU 复制回 CPU,并释放 CUDA 内存。

(8) 可视化插值结果,以生成地质表面,并最终获得三维地质模型。

7.3 基于 CUDA 的 HRBF 并行算法

7.3.1 领域分解的空间自适应采样算法

领域分解在并行计算中十分重要,它的基本思想是根据地理处理任务的并发性,将任务的计算负载进行分区,并将这些分区后的计算负载映射到并行计算资源的框架中[129]。图 7.1 中的步骤(1.1)正是采用了等面积分解策略,将每一层分解为 N 个子域($N=\{\mu_i, i=0,1,2,\cdots,n-1\}$),每个子域的边长为 δ,形成第一层领域分解。每个第一层子域作为第一阶段插值的并行单元,子域之间的插值过程相互独立。此外,在图 7.1 的步骤(1.2)中还进行了第二层领域分解,以生成第二阶段插值的并行子域。如图 7.2 所示,每个第二层子域 ω_i 由 9 个相邻的

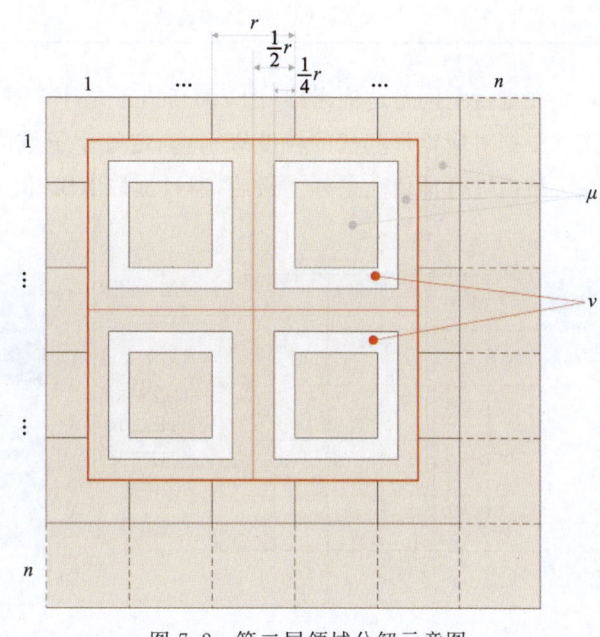

图 7.2 第二层领域分解示意图

第一层子域 μ_i 组合而成，边长为 2δ。在 ω_i 内，位于中心的第一层子域被完全保留，而其他 8 个子域仅部分包含。具体来说，与中心单元角落相邻的第一层子域提供其面积的 1/4，而与边缘相邻的子域则贡献其面积的一半。

在使用径向基函数(RBF)构建隐式曲面时，每个子域需要进行网格化以获取插值点，这一过程称为插值点采样。传统的等距空间采样方法可能会导致不必要的计算开销，甚至引发内存溢出。为了解决这一问题，在图 7.1 的 Step 2 中提出了一种空间自适应采样方法，该方法考虑了地形起伏，能够根据局部地形的特点，在不同粒度下进行采样，采样结果随后用于构建插值点。地形起伏是一个定量指标，用来反映地质表面的相对高度差异，并且能够表征区域的地貌特征。每个地质表面可以利用地形起伏来表示其地貌趋势，从而实现自适应采样。地形起伏的计算公式如下

$$R = H_{\max} - H_{\min} \tag{7-6}$$

式中：R 表示地形起伏；$H_{\max}$ 和 $H_{\min}$ 分别代表子域中的最大和最小海拔高度。通过研究地貌分类的原理，并结合建模空间中的实际层次变化，设计了一个空间自适应采样粒度表，如表 7.1 所示。域系数是一个相关系数，用于适应不同类型的地貌单元，而采样系数则为常数。

表 7.1 空间自适应采样粒度级别表

地形类型	地形起伏/m	粒度级别	采样间隔/m
高山	(>1500)×域系数	5	10×采样系数
中山	(501~1500)×域系数	4	20×采样系数
低山	(201~500)×域系数	3	30×采样系数
山丘	(20~200)×域系数	2	40×采样系数
平原	(<20)×域系数	1	50×采样系数

在进行空间自适应采样(图 7.3)时，首先计算每个子域的地形起伏。基于这一计算结果，接着根据对应地形起伏的粒度级别，确定每个子域的采样间隔。然后，按照确定的采样间隔在子域内进行插值点采样。最后，通过提取 RBF 值为零的点来构建隐式曲面。

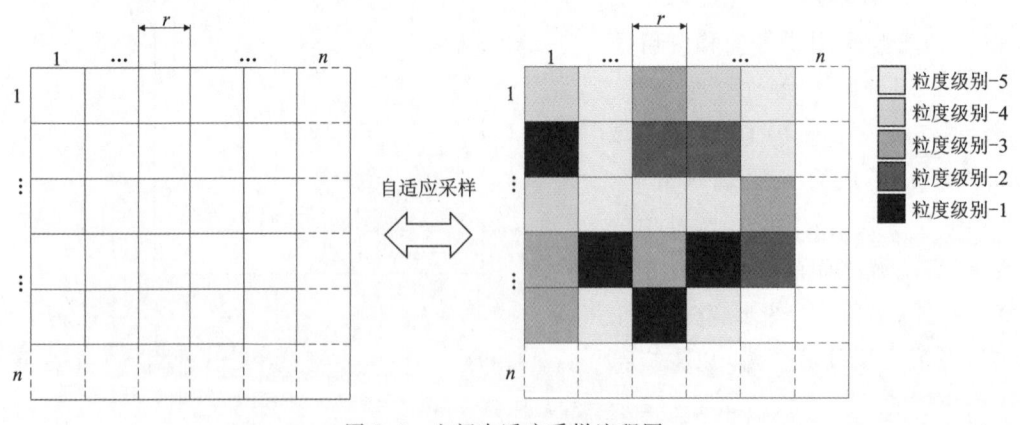

图 7.3 空间自适应采样流程图

7.3.2　两阶段策略的并行 RBF 插值算法

RBF 插值方法容易受到其所产生的大型线性系统求解过程的限制。利用子域作为并行插值的计算单元,有可能缓解计算过程中的高强度计算问题。然而,独立插值所导致的子域表面边界畸变问题不容忽视。因此,必须提出一种针对子域边界的表面平滑策略。这促使笔者提出了二阶段插值策略,用于修正相邻子域独立插值导致的边界值不一致问题,如图 7.4 所示。

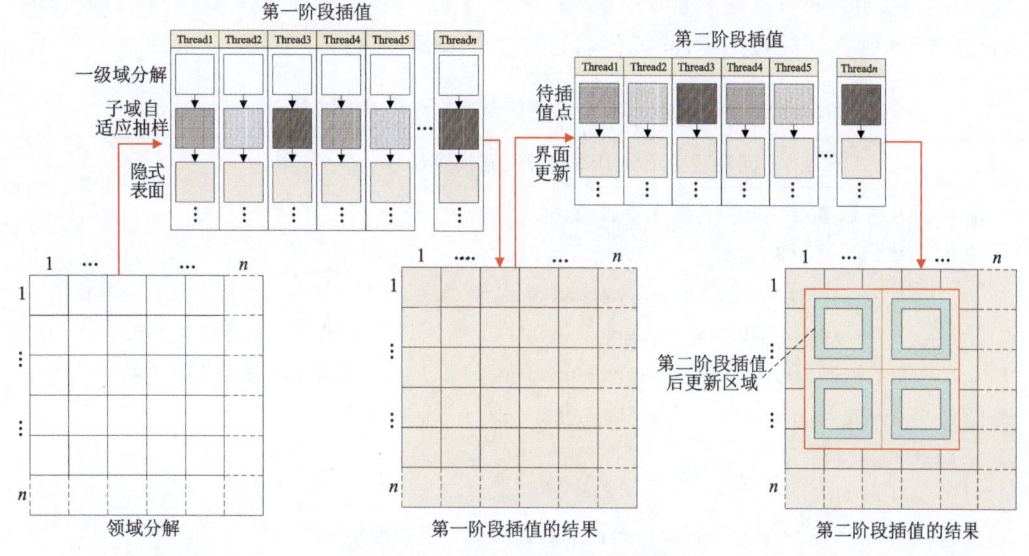

图 7.4　二阶段并行插值示意图

在第一阶段插值中,并行插值单元是通过图 7.1 的 Step 1 下的步骤(1.1)获得的一级子域。这些子域将分配给不同的处理器,并在每个处理器上独立执行 RBF 插值过程。子域内的控制点作为插值约束,而待计算的插值点则通过 Step 2 中的空间自适应采样生成。首先,使用控制点的位置和方向信息根据式(7-4)计算 RBF 的系数矩阵。然后,根据获得的系数矩阵,通过式(7-1)计算插值点的 RBF。最后,通过式(7-5)提取函数值为零的点,以生成地质表面。

需要注意的是,在 RBF 插值中,每对点之间的径向距离计算和插值点的计算是独立的。这意味着计算每个插值点时不存在数据依赖性,从而允许并行求解多个插值点。因此,编译并行内核函数,将计算任务分配到处理器上,使得插值点的计算任务可以分配给不同的线程进行处理。这样,RBF 插值的计算效率得到了显著提高。

第二阶段插值遵循与第一阶段并行插值相同的原则。唯一的区别是:第二阶段的并行单元是通过步骤(1.2)获得的二级子域,即图 7.2 和图 7.4 中的红色网格。完成两个插值阶段后,将更新一级子域边界区域内插值点的函数值。具体而言,第一阶段插值的结果保留在黄色区域内,而只有绿色区域内插值点的函数值会更新为第二阶段插值的结果。通过这种方式,解决了分区边界处插值结果的不一致性,从而生成了平滑的隐式表面。

7.3.3 GPU 加速的并行径向基函数插值算法

本小节介绍了使用 CUDA、GPU 实现并行 RBF 插值的设计,并在算法 7.1 中给出了伪代码(表 7.2)。通过 GPU 加速 RBF 插值需要 CPU 和 GPU 的协同工作。CPU 具有低延迟,擅长逻辑控制和串行计算;而 GPU 则具有更高的吞吐量和更多的核心,特别适合并行计算。系统的实现分为两个主要部分:第一部分利用 CPU 作为主机,负责数据准备任务,包括域划分、控制点分配和空间自适应采样(从第 2 行到第 8 行);第二部分则将 GPU 作为设备端,执行并行任务,即进行两阶段的 RBF 插值(从第 11 行到第 24 行)。

表 7.2 算法 7.1:基于 GPU 的空间自适应细分 HRBF 并行建模算法

算法 7.1:基于 GPU 的空间自适应细分 IIRBF 并行建模算法
输入:地层控制节点 S,建模范围 R,域分割精度 p
输出:三维地质模型隐式场
1: $[r_0, r_1, \cdots, r_n] \leftarrow$ stratigraphicRangeSegmentation(R, S); // 根据 R、S 划分地层空间范围
2: $[g1_0, g1_1, \cdots, g1_n] \leftarrow$ subdomainsSegmentation(r, p);   // 根据 r,p 划分一级子域
3: $[g2_0, g2_1, \cdots, g2_n] \leftarrow$ subdomainsSegmentation(g, p);   // 根据 g,p 划分二级子域
4: $[S_0, S_1, \cdots, S_n] \leftarrow$ matchNode(S, $g1_i$); //根据一级子域匹配地层空制节点
5: dataToGPU()
6: do in parallel GPU
7:   $[G_0, G_1, \cdots, G_n] \leftarrow$ gridSegmentation(r, g);   // 根据地层分配 Grid
8:   $[B_0, B_1, \cdots, B_n] \leftarrow$ blockSegmentation(G, g1);   // 根据一级子域集合分配 Block
9:   $[T_0, T_1, \cdots, T_n] \leftarrow$ threadSegmentation(B, g1);   // 根据一级子域分配 Thread
10: **foreach** i *in* $g1_n$ do
11:    $L \leftarrow$ terrainUndulation($g1_n$) // 计算一级子域的采样级别
12:    $mu_i \leftarrow$ gridSegmentation($g1_n$, L) // 根据 L 划分空间格网
13:    $(\alpha_i, \beta_i) \leftarrow$ HRBF($g1_n$);   // 解析 HRBF 系数 α_i, β_i
14:    $C_i \leftarrow$ HRBF(α_i, β_i, μ_i);   // 根据 α_i, β_i 建立第 i 个隐式场
15: **end**
16: **foreach** i *in* $g2_n$ do
17:    $(\alpha_i, \beta_i) \leftarrow$ HRBF($g2_n$);   //解析 HRBF 系数 α_i, β_i;
18:    $V_i \leftarrow$ HRBF($\alpha_i, \beta_i, g2_n$); //根据 α_i, β_i 建立第 i 个隐式场
19:    update(U_i, V_i);   //更新一次插值中 HRBF 函数值
20: **end**
21: dataToCPU()
22: **end**
23: $U \leftarrow [U_0, U_1, \cdots, U_n]$;   //二次插值后的 HRBF 隐式场
24: **return** U

在进行并行 RBF 插值之前,数据必须首先在 CPU 环境中进行准备,然后再传输到 GPU 的全局内存中。随后,使用内核函数对 RBF 插值计算进行并行化。图 7.5 展示了内核函数的设计。在 CUDA 框架中,内核函数通常在 CPU 中调用,并在 GPU 中执行,任务是生成不同地质场的地质表面。因此,将不同地质表层的插值任务分配到 GPU 上的独立网格,每个网格负责执行内核函数[130]。每个层的 RBF 插值计算被分解为多个子任务,每个子任务负责计算某个子域内的 RBF,独立生成隐式场。内核函数可以调用大量线程,每个线程处理子域中一部分空间点的计算。这些线程被组织成多个块,并进一步分配到 GPU 中的流处理单元上,各个子任务的插值结果随后会传回并在 CPU 中进行汇总。通过 CPU 与 GPU 的协同工作,可以实现插值功能的并行化和加速。

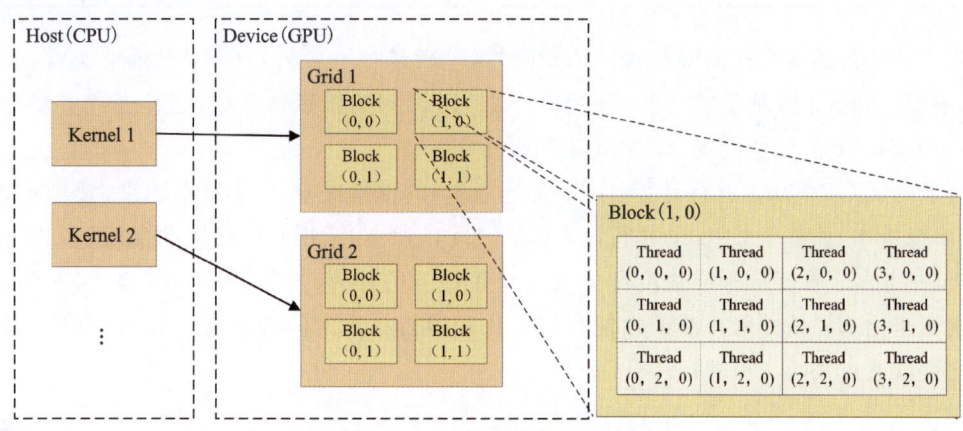

图 7.5　CUDA 线程组织形式

7.4　实验和结果分析

7.4.1　实验与数据

本章通过一系列实验验证了所提出方法的有效性,具体包括:①评估其在实际数据分析中的可行性;②估计空间自适应采样的有效性;③分析算法对用户定义参数的敏感性;④评估并行计算带来的性能提升。本研究的实验环境如表 7.3 所示。

为了使用所提方法进行实际数据分析,笔者采用了一种通过 Stacking 方法预测的三维空间点云。在建模空间中,存在 4 种岩性类型:粉砂、黏土、砂子和泥岩。每个岩性层的界面点被选为控制点,用于 RBF 插值,从而生成平滑的地质表面。为了探索空间自适应采样方法的有效性,笔者分析了应用该方法后插值点的减少情况。根据表 7.1 中所列的自适应采样原则,将域系数设置为 0.01,采样系数设置为 0.1。每个子域的粒度水平根据地形起伏确定,然后自适应地获取插值点。通过将应用自适应采样方法后获得的插值点与使用非自适应采样方法获得的插值点进行对比,分析了样本点数量的减少情况。

表 7.3　实验平台的详细配置

实验环境	软硬件参数
操作系统	Windows 10 家庭中文版 19044.2251
CPU	AMD Ryzen 5 5600G 3.90 GHz 6 核心 12 线程 16MB L3 缓存
GPU	NVIDIA GeForce RTX 3060TI 8GB 显存 PCIe 3.0
内存	16GB 3600 MHz
基于 CPU 的并行计算编程环境	JetBrains CLion 2022，OpenMP framework
基于 CPU 的并行计算编程环境	JetBrains CLion 2022 CUDA 12.1

为了测试自适应采样间隔对性能的敏感性，笔者进行了多次并行 RBF 插值实验，参数值从 1m 变化到 4m。针对子域大小（即一级子域的边长 r）的敏感性分析，笔者进行了多次并行 RBF 插值实验，r 值分别设置为 200m、300m 和 400m。

为了测试 GPU 加速并行计算（GPU 加速版本）的性能提升，笔者将 GPU 加速版本、串行计算（串行版本）和基于 CPU 的并行计算（基于 CPU 版本，采用 OpenMP 框架实现）进行了对比分析，并考察了在不同采样粒度和子域边长条件下的计算时间。除了计算时间的消耗外，还利用加速比来评估并行算法的性能。加速比是串行计算时间与并行计算时间的比值[131]。加速比可以通过式（7-7）进行计算，如下

$$S = \frac{T_\mathrm{s}}{T_\mathrm{p}} \tag{7-7}$$

式中：S 是加速比；T_s 是串行算法的时间消耗；T_p 是并行算法的时间消耗。当加速比大于 1 时，表示并行算法有效并加速了计算过程。加速比越大，性能越好。

7.4.2　基于真实世界数据的建模结果

实际数据的插值结果已经被可视化，从而获得了 3D 地质模型（图 7.6）。图 7.6a、b 分别展示了 4 个地质界面的空间分布和三维地质模型。需要注意的是，最上层是由数字高程模型（DEM）生成的地表。其余 4 个平滑的地质界面是利用所提出的并行 RBF 插值方法来构建的地下岩性界面。通过包围这些地质表面，可以得到 3D 地质模型。图 7.6c、d 分别展示了地质界面半透明视图和三维地质剖面。为了增强地下空间特征的清晰度，Z 轴被拉伸至原来的 6 倍。该 3D 地质模型提供了一个全面的视图，使得人们能够直观地理解地下岩性的组成及其空间分布。

笔者还将所提方法的模拟结果图 7.7b、c 与串行插值方法生成的界面图 7.7a 进行了比较。在此基础上，图 7.7d 展示了上述两个界面的叠加图，结果表明笔者的方法能够有效地拟合原始数据并生成合理的插值界面。简单的块状并行插值方法在子域边界处确实存在失真，如图 7.7b 所示。然而，在进行第二阶段插值后，边界区域的界面光滑度得到了显著改善。

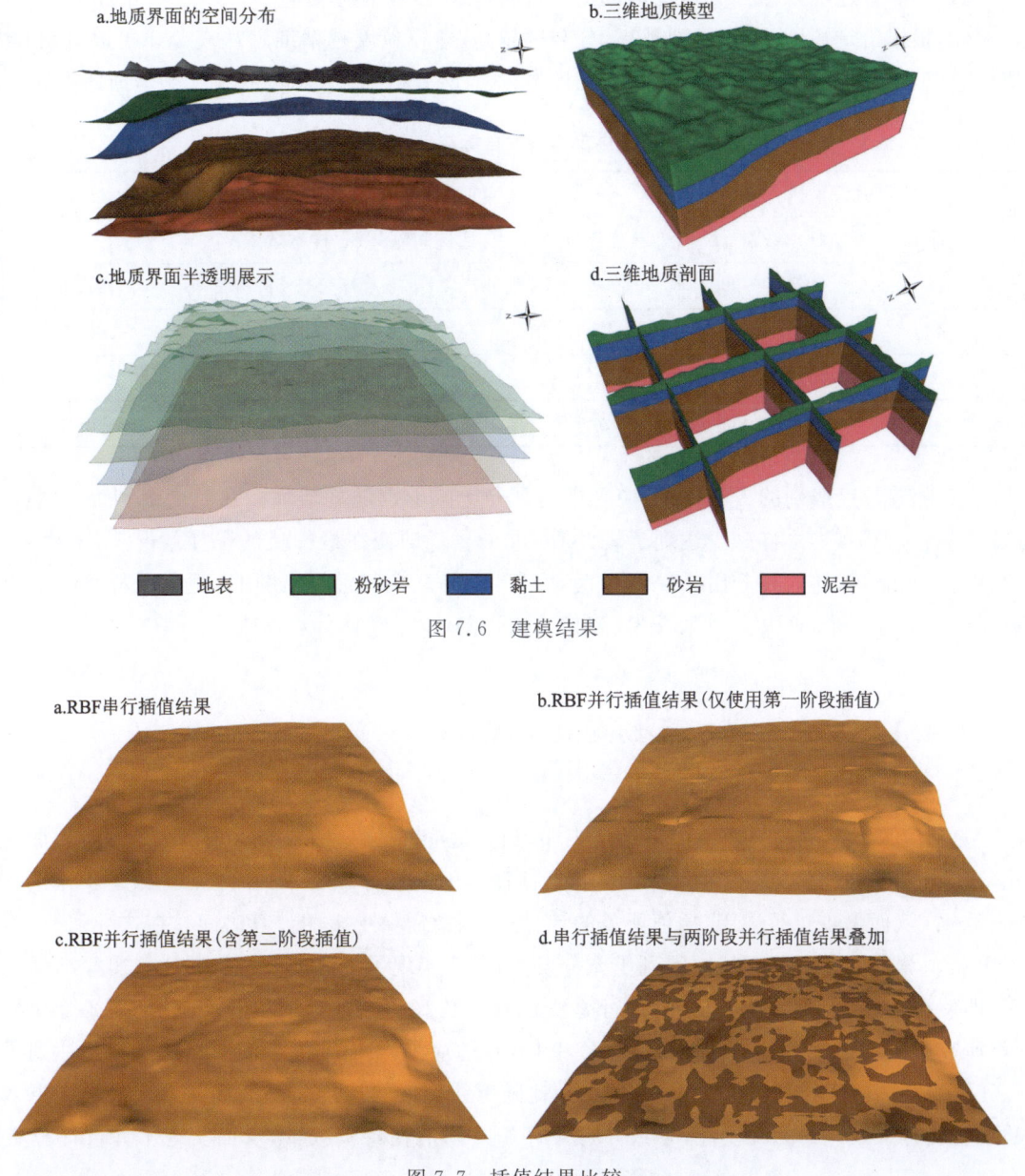

图 7.6 建模结果

图 7.7 插值结果比较

7.4.3 空间自适应采样有效性

为了探索自适应采样对并行算法的影响,首先根据表 7.1 计算了插值点的数量。在给定域系数为 0.01 和采样系数为 0.1 的条件下,获得了 4 个不同的自适应粒度级别和采样间隔。然后,将这些自适应采样结果与常规非自适应采样方法(即常间隔采样)所得结果进行了比较。表 7.4 展示了两种采样方法的比较结果,揭示了以下几个发现。

(1) 与非自适应采样方法相比,自适应采样方法减少了样本数量。

(2) 根据给定规则,粒度级别越高,分辨率越高,建模粒度越精细。从表 7.4 可以看出,增加自适应采样粒度级别会导致获得更多的样本,这意味着精细粒度的建模确实会增加计算量。

表 7.4　自适应采样与非自适应采样结果的比较

非自适应采样		自适应采样			百分比减少/%
间隔/m	样本数量/个	粒度级别	自适应间隔	样本数量/个	
1	288 480 000	5	1	145 583 452	49.53
2	72 120 000	4	2	53 249 680	26.17
3	31 415 472	3	3	26 314 480	16.24
4	18 021 900	2	4	16 594 976	7.92

(3) 随着粒度级别的提高,自适应采样的百分比减少也随之增加。在粒度级别为 5(即自适应间隔为 1m)时,采样减少达到了最大值 49.53%。即使在最稀疏的采样情况下,采用 4m 的自适应间隔,采样的百分比减少仍然达到了 7.92%。换句话说,使用自适应采样将插值点数量减少了近一半,这大大加速了 3D 建模,并显著减少了整体计算需求。

7.4.4　用户自定义参数的灵敏度

自适应采样间隔的灵敏度测试结果表明,当自适应间隔减小时,计算时间(图 7.8)和加速比(表 7.5)均有所增加。这一结果是符合预期的,因为较小的采样间隔会生成更多的样本(表 7.4),从而增加进行 RBF 插值所需的计算量,因此需要更多的计算时间。在这种情况下,RBF 插值算法的并行处理能力得到了充分发挥,最终实现了更高的并行加速比。实验结果表明,即使在 CPU 上执行,所提出的并行算法也具有较高的效果(表 7.5)。在使用 12 个线程(本研究所使用 CPU 支持的最大线程数)和 1m 自适应采样间隔的测试中,最大加速比达到了 5.92。当自适应采样间隔保持不变时,加速比随着线程数的增加而逐渐提高。这是因为更多的线程提升了处理器的并发性,导致并行计算的时间消耗持续减少,从而实现了并行计算更

表 7.5　不同线程数下的并行加速比(加速比 $r=200$)

自适应采样间隔/m	加速比			
	线程数 2	线程数 4	线程数 8	线程数 12
1	1.62	2.61	4.38	5.92
2	1.57	2.48	4.17	5.52
3	1.54	2.45	4.04	5.34
4	1.41	2.39	3.99	5.10

显著的加速效果。CPU 的线程限制是影响并行性能进一步提升的一个重要因素。

灵敏度测试结果显示计算时间与子域大小之间存在正相关关系(图 7.8)。这一现象可以归因于子域大小的增加(即子域边长的增加)导致单个并行单元的工作负载增大,在计算资源不变的情况下,所需的计算时间和内存使用量也随之增加。因此,在使用最大线程数、最大自适应采样间隔和最小子域边长的测试中,观察到了最短的计算时间。在这种情况下,并行算法承载了最小的工作负载,并实现了最大的并发性。适当减小子域大小并增加线程数已被证明是优化并行性能的有效策略。

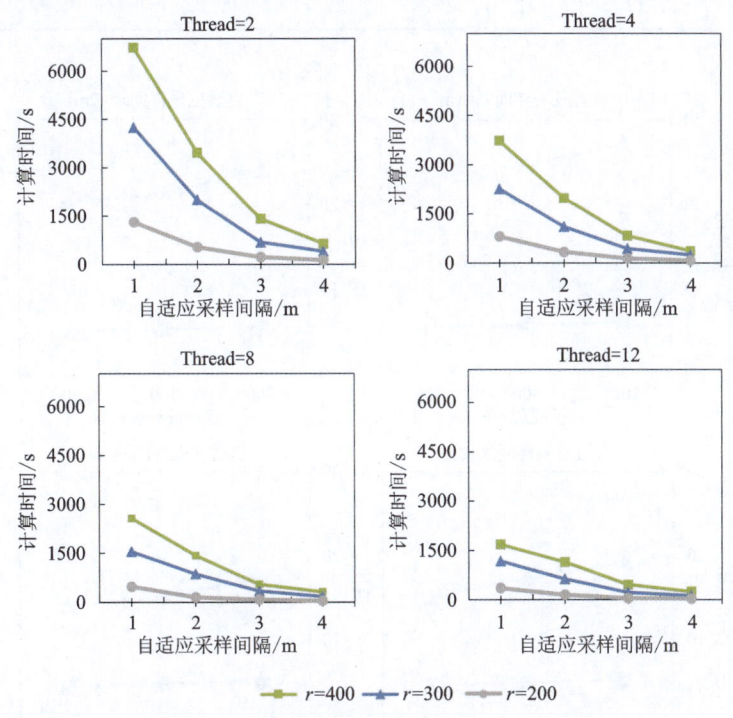

图 7.8　自适应采样间隔、加速比和线程数量变化时的并行计算时间

7.4.5　GPU 加速并行计算的性能增益估计

为了分析性能提升,GPU 加速并行实现与串行版本和基于 CPU 的版本进行了比较。如表 7.6 所示,基于 CPU 和 GPU 加速的版本相比串行版本都显著减少了计算时间。其中,GPU 加速版本实现了最短的计算时间,并在计算效率上取得了最大的提升。GPU 加速版本和基于 CPU 版本的加速比如图 7.9 所示。

根据结果可以看出,GPU 加速的并行计算相比于基于 CPU 的版本在加速比方面表现出显著优势。在使用 1m 自适应采样间隔和 200m 子域边长的情况下,GPU 加速版本的最大加速比从基于 CPU 版本的 5.92 提升至 27.23。与 7.4.4 小节的研究结果一致,较小的自适应

表 7.6　串行、基于 CPU 和 GPU 加速版本的计算时间对比　　　　　　　单位:s

采样间隔	$r=200$			$r=300$			$r=400$		
	串行	CPU 并行	GPU 加速	串行	CPU 并行	GPU 加速	串行	CPU 并行	GPU 加速
1m	2 123.72	358.49	61.68	6 585.65	1 180.7	267.69	6 812.53	1 291.87	293.51
2m	851.11	154.15	27.99	3 358.70	632.25	158.16	5 212.60	1 033.59	245.38
3m	355.08	66.47	12.41	1 141.73	225.95	65.50	2 160.99	458.58	142.89
4m	165.87	39.11	10.42	629.42	127.62	41.28	1 119.05	247.94	79.24

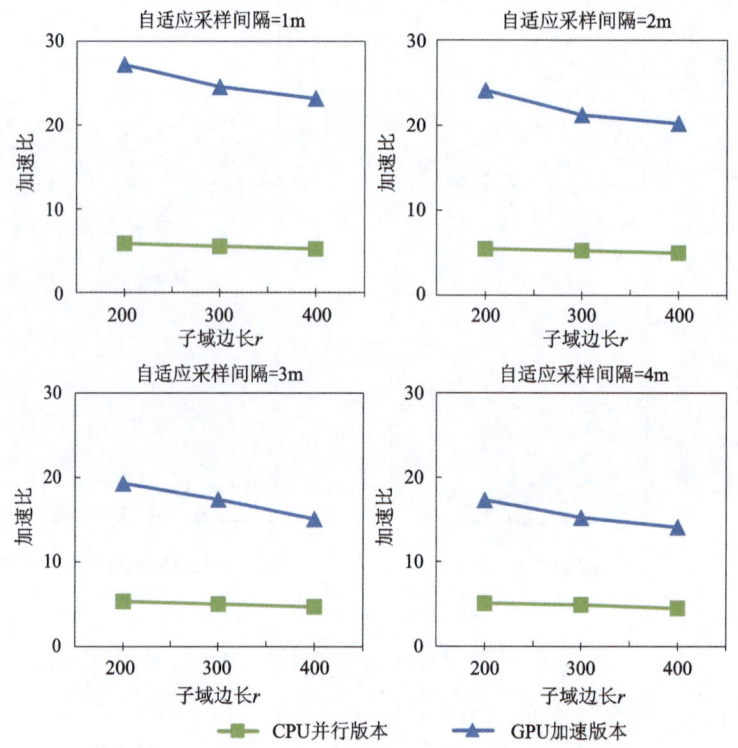

图 7.9　基于 CPU 并行版本与 GPU 加速版本在不同子域边长下并行加速比对比

采样间隔会导致两种版本的加速比增大,且这一效应在 GPU 加速版本中更加明显。这是因为减小采样间隔显著增加了计算点的数量,从而大幅增加了 CPU 的计算压力。然而,专门用于并行计算的 GPU 能够承受巨大的计算压力,从而实现更好的加速性能。此外,随着子域边长的减小,基于 CPU 版本的加速比略有提升,而 GPU 加速版本则表现出显著的改善。子域边长的减小导致并行单元数量增加,同时单个并行单元内的计算负载减少,从而降低了单个并行单元的计算压力,提升了计算速度。与此同时,GPU 相比 CPU 拥有更高的线程数,使得 GPU 在大规模并行计算中更具优势。因此,GPU 加速版本的加速比得到了显著提高。

7.5　本章小结

  本章提出了一种基于 CUDA 的 GPU/CPU 并行三维地质建模方法，旨在解决传统建模技术在处理复杂地质数据时存在的计算速度慢、资源消耗高等问题。随着地质建模任务的复杂性和数据规模不断增加，传统基于 CPU 的建模方法在大规模、高精度建模中面临明显的计算瓶颈，难以满足实时性和高效性的需求。尤其是在钻孔数据稀缺且对大范围、高精度地质模型的需求日益增大的情况下，传统方法的局限性愈加明显。为了解决这些问题，本章提出了一种创新的解决方案，基于 CUDA 编程框架，结合 GPU 的并行计算能力，采用 HRBF 并行建模算法来提高建模效率。具体来说，该方法将建模任务分解为多个并行计算单元，通过计算网格、计算块和线程等多级并行粒度优化计算资源的分配与内存管理。GPU 在此框架下专注于地层曲面的并行计算，而 CPU 则负责全局任务控制和数据管理。此方法不仅有效提升了计算性能，还能自适应调整插值粒度，减轻内存压力，进而提升整体效率。

  实验结果表明，基于 GPU 的并行建模方法在不同采样精度下，相比传统的 CPU 并行方法，展现出显著的优势——在保持较高建模精度的同时，大幅提高了计算速度。与基于 OpenMP 的 CPU 并行算法相比，GPU 并行建模在处理大规模数据时表现出更高的效率和更好的性能。此外，本章还深入探讨了 GPU 并行计算中线程分配、内存管理等关键技术问题，并提出了相应的优化策略，以进一步提升建模效率。

  总体而言，本章为大规模、高精度地质建模中的计算难题提供了一种高效的解决方案，充分展示了 CUDA 技术在地质建模领域的巨大潜力和应用前景。这一方法不仅为今后更高性能计算平台的应用提供了借鉴，也为分布式计算框架在地质建模中的应用奠定了基础。

第8章 使用"数据,知识,方法"集成形式表示的三维建模框架

前文所述方法在性能和精度上都取得一定的提升,但单纯的数据驱动方法在处理复杂地质条件时仍显不足,数据稀疏和分布不一致的问题对模型构建带来了挑战。因此,本章在前面所有方法的基础上,汇总整合,提出了一个"数据,知识,方法"集成的三维建模框架。通过数据融合与知识集成,生成地质知识图和地理空间数据库,提供了更全面的地质建模解决方案。该框架结合了数据驱动和知识驱动的建模方法,能够在不同地质条件下灵活应用。实验中提出了一种地质复杂性的量化方法,将建模区域划分为具有地质意义的子区域,并根据地质特征和数据条件,自动匹配各分区的方法进行独立建模。这个集成框架结合了前几章的改进方法,构建了一个更具适应性和精确度的地质建模体系,确保在复杂地质条件下也能实现高精度的建模效果。

8.1 研究动机

按照认知模式,三维地质建模方法的研究可分为基于数据驱动的建模方法和基于知识驱动的建模方法两类。数据驱动的建模方法使用各种类型地质数据(如钻孔数据、剖面数据、地球物理勘探数据、遥感影像、地质图等)来构建地质模型,通过识别数据中的地质模式预测地质结构的空间分布。在地质数据完善的区域,这些方法能够实现较高精度的建模,但对数据质量依赖性较强,在数据不完善的区域难以构建模型。知识驱动的建模方法遵循地质学原理、地质调查和勘探中积累的经验,通过对地质资料进行解释,将这些解释转化为定量信息来指导模型的构建。

鉴于地质特征的异质性和数据的不平衡性,复杂的地质建模任务常遇到以下问题。首先,不同的建模方法各有优缺点,能够高效地表示特定局部模型中的地质结构,但可能不适用于其他模型[132]。单一建模方法在不同结构和数据特征的区域表现各异,因此在地质条件和数据分布存在显著差异的区域,仅用一种方法很难充分描绘所有地质特征。其次,单一数据源难以提供足够的信息来准确描绘地质结构和特征。由于获取方法和测量技术的差异,不同

来源的数据可能存在不一致性[133]。此外,地质数据虽然提供了观测和测量结果,但缺乏理解地质现象成因和演化的背景知识。地质文本和专家经验中的地质知识尚未在地质建模中得到有效利用[134-136]。因此,在地质条件和数据分布变化较大的重建任务中,很难采用单一模式的建模方法来表征地下的所有地质特征。结合数据驱动和知识驱动的方法,通过融合多种数据源和整合地质知识,开发一个统一的建模框架,将有助于更好地描述和模拟复杂的地质结构。

为了解决这些问题,本章提出了一种多源数据融合、数据与知识集成、多种建模方法相结合的集成地质建模框架。首先,将多源数据合并为统一格式,并与从地质文本中提取的知识相结合,以创建地质知识图和地理空间数据库进行建模。然后,通过构造联合影响函数来量化地质环境的复杂性,将建模区域划分为具有地质意义的几个子区域。根据地质特征和数据条件,为每个子区域自动匹配合适的方法进行独立建模,最终集成为一个完整的三维地质模型。结果表明,所提出的集成框架为复杂的建模任务提供了灵活的解决方案,通过解决更简单的子任务来简化过程,同时保留了捕获具有不同特征的地质结构的能力。此外,地质数据和知识的集成促进了地质知识的结构化表示与利用,有望为模型的构建和验证提供更丰富的信息。

8.2 "数据,知识,方法"集成的三维建模框架

8.2.1 地质建模综合框架

建模方法的确定取决于地质环境情况以及可用数据类型[137]。当地质环境面临巨大的复杂性和结构差异时,单一模式的建模方法难以表达地下空间地质特征,经典的分而治之策略能够适用于复杂的重建任务[4]。首先,将研究区域中的多源数据与地质知识进行融合,根据区域地质资料(地质构造、特征分布等)将研究区域划分为一系列子区域或地质单元[4];然后,分别研究这些子区域和地质对象(断层构造和岩体),根据整个区域的统一坐标系构建每个子模型;最后,在构建所有子区域模型后,将所有模型整合在一个统一的三维空间框架下,形成一个完整的三维地质模型。

该框架主要包括3个重要组成部分:①融合与知识集成;②基于地质复杂度的区域划分;③方法方法自适应匹配与模型生成。整体建模框架如图8.1所示。

8.2.2 数据融合与知识集成

各类地质数据包括地质测量观测和地球物理测量结果,均可纳入地质建模的框架之中。

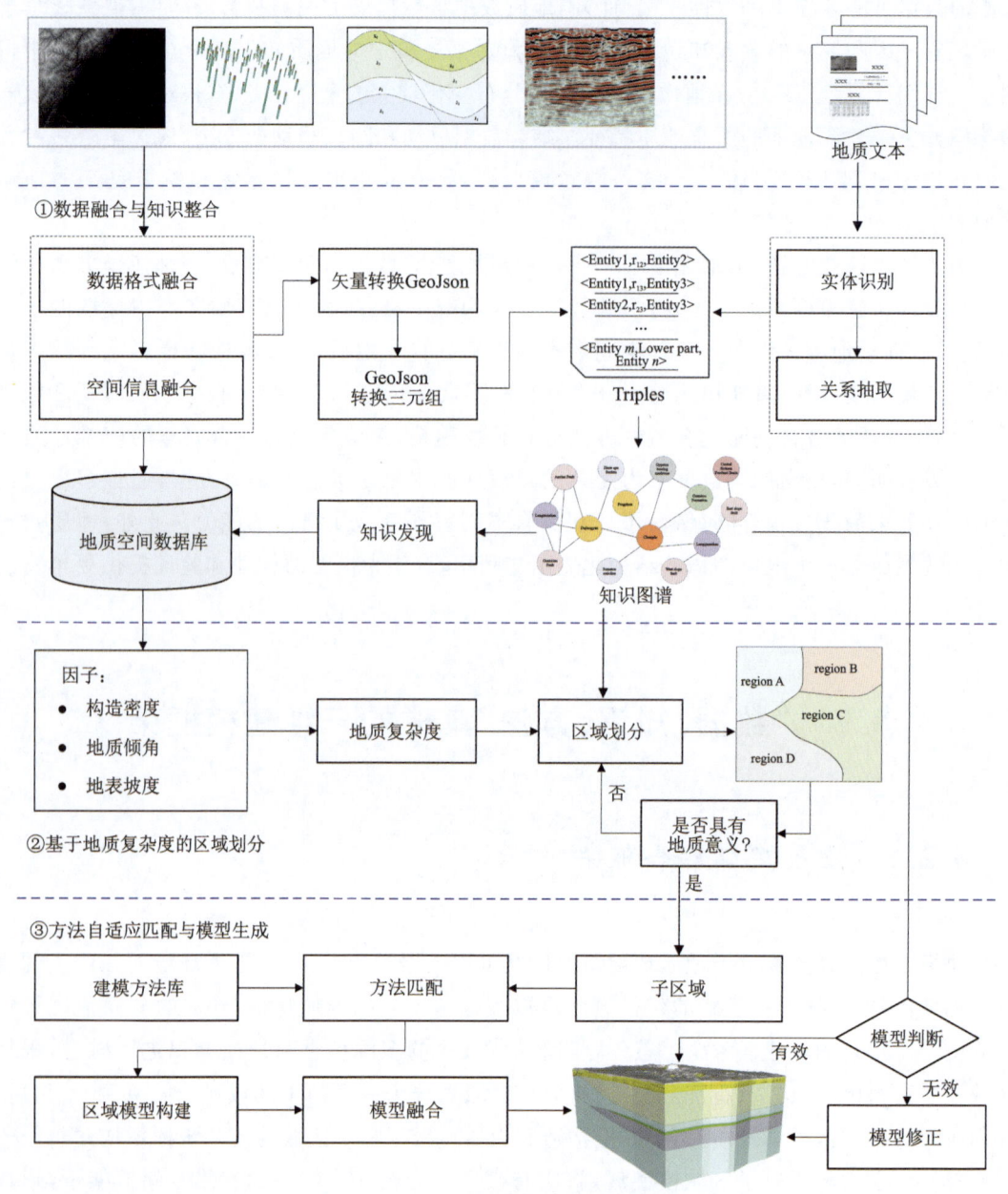

图 8.1　综合地质建模框架的工作流程

经过一系列预处理后,这些数据将作为关键的位置或方向信息参与到建模过程中。其中,位置数据主要揭示地层的累积厚度或变形结构的位置,而方向数据则能够反映地质界面的几何特征,如垂直于平面的矢量或法向矢量[138]。在真实情况下,通过不同的方法和媒介获取的数据通常具有冗余性、多噪声和分散性的特点,表征的地质信息存在差异性,多年前获得的与现行标准不同的数据也不能直接应用于构建地质模型。为了消除原始数据集的问题以更好地适用于构建地质模型,需要通过数据融合来消除异常信息。数据预处理主要包括以下步骤。

1. 数据格式融合

根据建模要求确定统一投影、坐标系以及数据格式。对不符合要求的数据进行校正,包括投影变换、坐标变换和地理配准。

2. 空间信息融合

在地质建模过程中,数据的质量和分辨率对于模型的准确性至关重要。相较于老旧、规模有限且分辨率较低的数据,最新获取的、覆盖范围广泛且分辨率高的数据通常被认为具有更高的置信度。直接观测得到的确定性数据(如钻孔)也比解释数据(如地质图和地球物理剖面)更加可靠[4]。当空间信息存在差异时,优先采用高置信度的数据作为基准,对其他数据集进行校准和优化。

在进行空间信息融合的过程中,需要重点关注两个方面:一是地表与地下信息的融合,二是横向与纵向信息的整合。地表数据通常比地下数据更加丰富,与稀疏的地下数据融合,可以推断出有关地下的更多信息。纵向信息主要通过钻孔和测井数据来表达,揭示地下垂直剖面上的地质特征,这些数据对于理解地下结构的垂直变化至关重要。横向信息通常来源于地质剖面、地震数据和地表调查,提供地下结构水平分布的信息。然而,横向信息的空间对应关系可能不总是明确的,特别是在跨井区域。为了获取更加准确的信息,在此处采用确定性的纵向数据来约束和校正横向数据,以减少地质建模中的不确定性,确保模型在空间上的一致性和可靠性。空间信息融合示例如图 8.2 所示。

3. 地质资料与知识的集成

除了直接的空间数据,地质文本中蕴含的空间信息也能够融入建模框架以辅助模型的构建。在近几年的研究中,地质文献空间知识提取研究已经取得了重大进展,如地质实体识别和空间关系挖掘[139-141]。研究表明,地质文本中的先验知识可以被提取、表达并与空间数据融合[142-143]。地质资料与知识的融合为三维地质空间的信息补充带来了新的可能性。地质信息的获取包括命名实体和空间关系,可以通过自然语言处理的方式从地质文本中提取,并将提取的地质信息存储为三元组[142,144-145]。之后,应用空间数据转换工具,将前面融合步骤后的数据转换为 GeoJson 格式,并进一步提取空间三元组。最后,通过整合所有三元组构建出研究区域的地质知识图谱。图谱不仅能够为地质建模提供一个丰富的信息源,还可以基于此开展深入的知识发现工作。知识挖掘的过程可以为一些数据较少的区域提供空间信息的补充。

4. 将融合数据转换为预定义的格式

考虑到地质建模直接作用于三维空间,将所有地质数据都转换为三维属性点数据。根据地质构造的特性为各种类型的点设计不同的数据结构。

地层或侵入岩中点的形式为 $<Type\ index, X, Y, Z, V_x, V_y, V_z, formation\ or\ rock\ name>$。其中,$Type\ index=0$,$(X,Y,Z)$ 表示三维坐标值,V_x,V_y,V_z 表示利用走向和倾角数据计算的方

向的三维向量[146-147]。后续数据也使用这样的表示方法。当方向缺失时，V_x，V_y，V_z 被设置为空值。

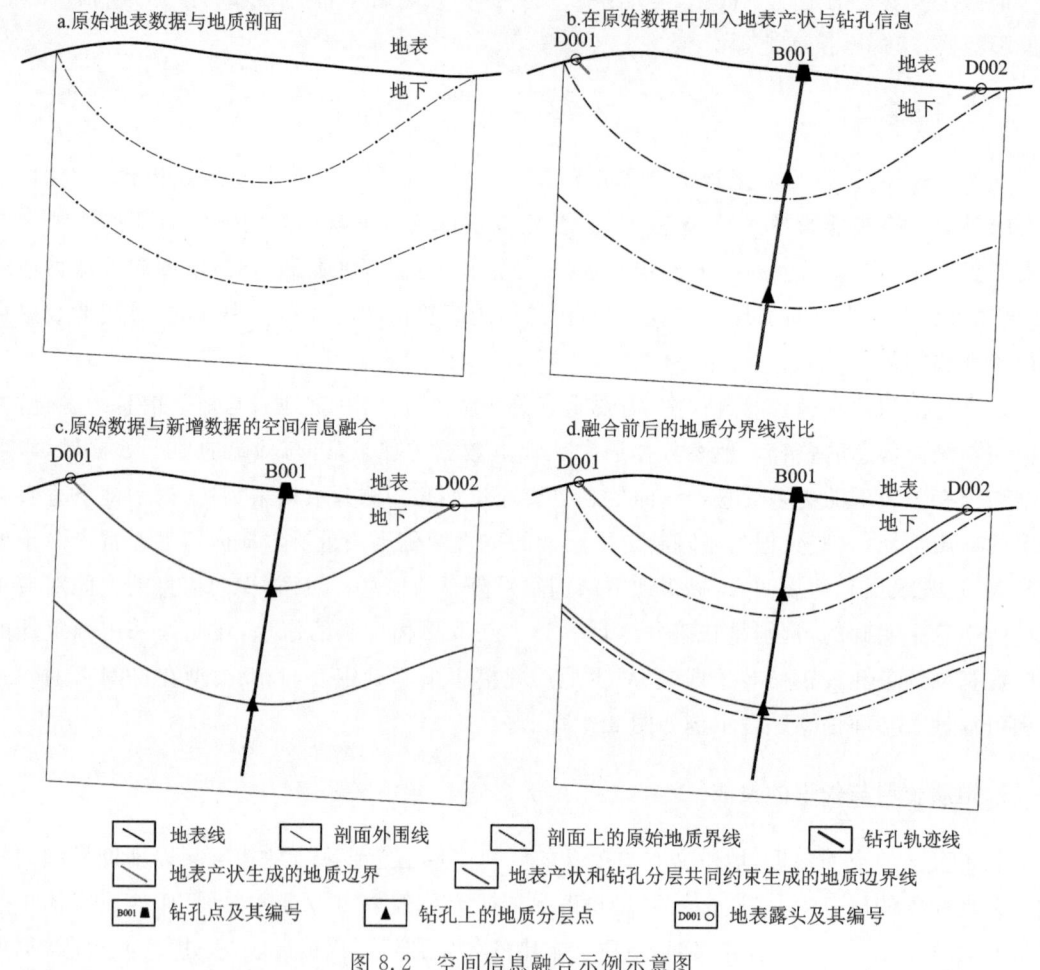

图 8.2 空间信息融合示例示意图

断层中点的形式为 <Type index, X,Y,Z,V_x,V_y,V_z, fault type, fault name>。其中，Type index=1，V_x,V_y,V_z 可以为空。fault type 用于表示断层类型为正断层、逆断层或者走滑断层，且不能为空。

褶皱中点的形式为 <Type index, X,Y,Z,V_x,V_y,V_z, polarity, foldname>。其中，Type index=2，V_x,V_y,V_z 和 polarity 不能为空，以对褶皱进行几何描述。polarity 用于表示褶皱是否倒置。设置为 1 时，表示褶皱倒置；设置为 0 时，则表示褶皱不倒置。

地层邻接点的形式为 <Type index, X,Y,Z,V_x,V_y,V_z, formation or rock A, formation or rock B>。其中，Type index=3，formation or rock A 表示邻接地层中的新地层，formation or rock B 则表示旧地层。

最后，将所有数据和三维空间点存储在地理空间数据库中。

8.2.3 根据地质复杂程度进行区域划分

研究区域的合理划分对于实现分而治之的自动建模具有重要意义[4]。地质环境的复杂性对地质建模的精度和准确性有着显著影响。在地质建模中,通常根据地质复杂性来划分研究区域,根据地质体的数量和可能的空间关系,设置不同程度的地质空间复杂性[4]。而地质复杂性通过各种地质测量和观测获取,如变形构造、产状、地表坡度等。

同时应特别注意的是变形结构,这些结构比(亚)水平层结构更复杂,更具挑战性。地质构造分布、地质倾角和地表坡度与几何变形密切相关。在实验中,选择这些影响因素来分析地质复杂性。构建基于构造密度、地质倾角和地表坡度的联合影响函数,得到地质复杂度的定量表示并以此为标准划分建模区域。

地质特征的分布具有异质性,褶皱对其空间分布特征产生影响,并伴有局部各向异性。此外,断层会破坏地层的连续性和完整性,导致地层的重复或缺失。鉴于这种情况,褶皱和断层是两种不能简化和忽视的构造类型,在建模工作中主要考虑。对褶皱和断层结构进行密度分析,并通过加权平均获得构造密度值[138]。断层发育具有多相和复合成因的特点,不同断层之间的位移方式、滑动距离、地层和岩石变形程度各不相同[148]。根据断层活动期、断层尺度和成因机制进行分级,划分为一级、二级和三级断层。一级断层是区域构造单元的边界断层。二级断层是构造单元内具有小尺度滑移作用的断层,其他地质构造影响不大的局部衍生断层为三级断层。为不同级别的断层设置不同的权重值,以参与构造密度的计算。

构造产状(即走向、倾角、倾向)提供了构造扩展方向的量化信息,对于描述地质特征至关重要,特别是对于复杂的多期变形构造分析[147]。其中,倾角量化了目标地层与水平面之间的夹角,广泛应用于断层、褶皱、不整合等构造变形特征的识别[149]。倾角的数值大小通常揭示构造变形的强度,较大的倾角往往表明地质单元经历了更剧烈的构造变形,预示着更复杂的地质结构。在地质建模与构造重建过程中,倾角值常需要从角度制转换为弧度制,并在整个重建区域进行插值[150]。

坡度指地球表面相对于水平面的倾斜程度[4]。陡峭的斜坡通常与活跃的构造活动有关,而平坦的斜坡则表明稳定的地质环境[151]。此外,地下的地质体往往不是水平分层结构,而是呈现某些起伏模式或块状结构[151]。坡度分布与地质单元的水平度之间存在负相关关系,坡度越小,地质单元往往越水平。其值适用于利用坡度计算工具从数字高程模型(DEM)计算获取。

构造密度、构造产状分别表示为 τ、θ 和 φ,通过联合影响函数 F 进行整合以表示地质复杂性。区域划分过程概述如下。

第一步:计算构造密度。将所有断层划分为3个等级,即一级断层(a^1)、二级断层(a^2)和三级断层(a^3)。为断层添加权重域,其中 $w_{a^1} > w_{a^2} > w_{a^3}$。利用核密度分析法计算断层和褶皱的密度 β,并通过加权平均得到构造密度 τ。

第二步:计算倾角。将实测倾角数据转换为弧度[式(8-1)],并在建模范围内进行克里金插值,以获得每个位置的地质倾角 θ。

$$\theta = \frac{dip * \pi}{180°} \tag{8-1}$$

式中:dip 为弧度。

第三步:根据 DEM 数据提取坡度值 φ。

第四步:根据构造密度、倾角和坡度构建联合影响函数,得到地质复杂度[式(8-2)]。然后,对地质复杂度进行归一化处理,得到地质构造复杂度图。

$$F(P,q) = \frac{\sum_{i=1}^{N} p_i \cdot \frac{1}{d_i^r}}{\sum_{i=1}^{N} \frac{1}{d_i^r}} \tag{8-2}$$

式中:$F(P,q)$ 表示联合影响;N 是重建区域内的点数;P 指的是点的初始复杂度;$p_i = (w_1 \cdot \tau_i + w_2 \cdot \theta_i + w_3 \cdot \varphi_i)/3$;$q$ 代表空间中的任意一点;d 是点 p_i 到 q 的距离;r 是预定义的距离影响参数。

第五步:根据地质构造复杂度图将研究区划分为若干子区域。划分边界设置于地质复杂性差异很大的地方,同时应尽量与自然的不连续边界(如断层、不整合面)重合。

第六步:结合地质图、构造轮廓图、地质知识图谱,对划分结果进行复核与调整,确保分区边界符合地质变形历史与地质意义的合理性。

8.2.4 方法自适应匹配与模型生成

1. 建模方法库

曲面模型的构建是模型重建的重要组成部分。在此框架中,常用的曲面表示方法已引入建模方法库。显式曲面表示的两种典型方法,直接对数据点进行三角测量(三角化表面)[152]或使用插值算法拟合数据以创建光滑表面(插值表面)[153],在没有方向数据的情况下,将离散对象的表面构造作为首选方法。该库还提供了常用的隐式表面表示方法,该方法将地质表面的几何提取为隐式函数的等值,既支持符号距离法,也支持势方法[154-156]。关于标量场的构造,提供了几种插值方法接口,如径向基函数[16,157]和离散平滑插值[158-159]。此外,我们将前几章提出的方法也进行了集成。目前,方法库中支持大多数基于对象的方法。该框架允许集成任何新开发的建模方法。笔者希望这个库成为一个开放的、可扩展的方法库。

2. 模型生成

在模型构建的过程中,遵循分而治之的原则来分别生成每个子区域的地质模型。完成区域划分后,向每个子区域添加两个字段,结构特征以及数据分布。每个字段由一个长度可变的数组组成,数组中每个元素的索引序列表示该元素的重要性。索引越小,元素的重要性就越高。同时,库中的每个方法也都分配了这两个字段,用于指示该方法的适用条件。通过这两个字段的匹配实现子区域和建模方法之间的自动匹配。研究区域分为一组 N 个子区域

$\{R_1, R_2, \cdots, R_N\}$，以便于在每个子区域的所有可能位置 x 获得感兴趣的属性值 m（如岩石或地层类型）。K 是每个子区域的网格数，使用 $\varphi_k(x)$ 表示建模函数。然后，感兴趣的属性，即这里的岩石或地层类型，可以在每个子区域 R_n 内用一组函数 $\varphi_k^n(x), k \in \{1, 2, \cdots, K\}, n \in \{1, 2, \cdots, N\}$ 表示，该函数涵盖了整个 R_n 并完全包含在其中[4]。最后通过以下方式获得所有位置的属性表示。

$$m(x) = \sum_{n=1}^{N} \sum_{k=1}^{K} m_k \varphi_k^n(x) \qquad (8-3)$$

在每个子区域内，地质模型被视为一个有序的地质界面或地质块体集合，其顺序反映了地质单元的时间演化序列[160-161]。由于断层的存在会极大地影响周围地质单元的几何形状和连续性[160,162]，因此在模型构建的过程中，需要在构建断层地质单元之前定义断层的几何表面。当将断层视为地质不连续性区域或域边界时，应使用单独的插值器或隐式函数来表示上盘和下盘，断层地层的界面可以通过选择断层面上的切割线（cutofflines）来创建[4]。需要注意的是，新生成的地质界面应先构建，并作用于较旧地质单元的约束。此外，与褶皱相关的解释约束，如褶皱轴、褶皱轴面等，也将纳入褶皱单元的建模过程中[160,163]。通过这种方式使结构几何形状复杂的断层与褶皱地形也能够保持整体几何一致性。

8.3 实验和结果分析

8.3.1 研究区域介绍

成都是中国西部四川省的省会，位于四川盆地西部，总面积 14 335 km²。地形起伏分布如图 8.3 所示，地质构造复杂，属于龙门山前中—新生代前陆盆地[164-165]。受青藏高原东移的影响，构造主要表现为北东-南西向断裂和褶皱。成都市西部为龙门山地区，是龙门山造山形成的逆冲断层带[166-167]。中部为成都平原，为由岷江、沱江及其支流的冲积沉积物形成的冲积平原[168]，第四纪矿床分布广泛。龙泉山和四川盆地中部丘陵地区位于东部，发育了包括龙泉山断裂在内的少数断层和褶皱[169]。

如图 8.4 所示，成都的地层发育相对完整，从元古宇变质岩暴露到第四系松散沉积物中[143]。中生代以前的岩性较为复杂，碎屑岩、碳酸盐岩、火山岩及变质岩都有出露，和晋宁期超基性—酸性侵入岩一起出露在安县-灌县断裂以西的前龙门山逆冲推覆构造带内。在成都平原，来自西部的构造影响导致一些侏罗系、白垩系、古新系和新元古界地层。该地区的沉积过程是连续的，具有完整的地层接触关系，延伸良好，持续发育，仅局部少量缺失，或尖灭。中上侏罗统和下白垩统分布在东部地区（即龙泉山和丘陵地区）。第四系冲积沉积物少量分布在河流和谷地等低洼地区。

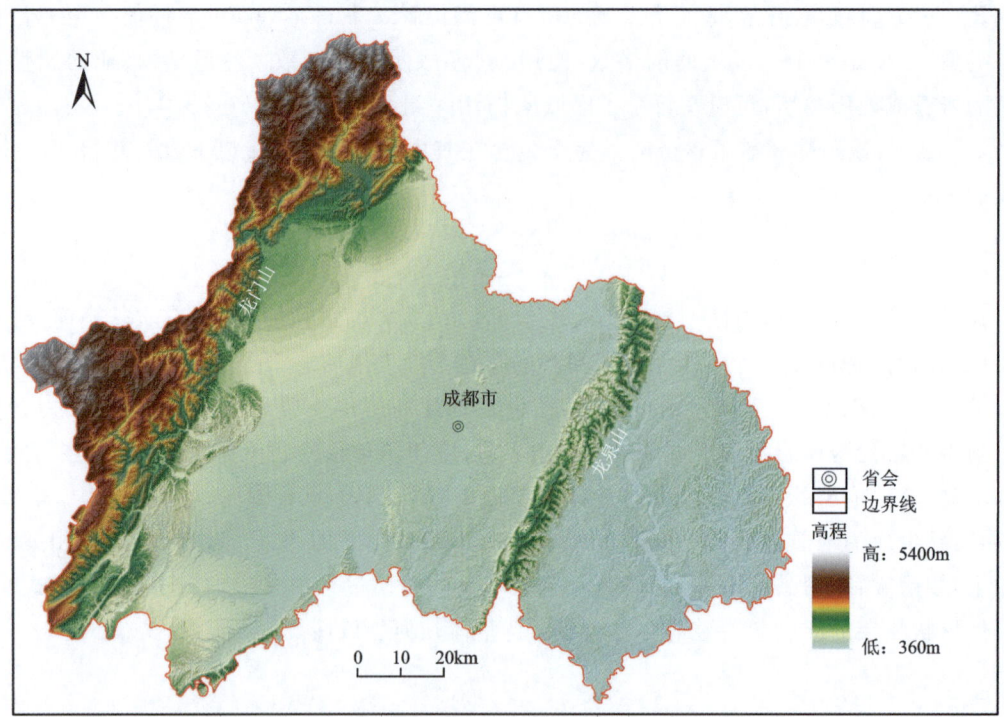

图 8.3　研究区域概况

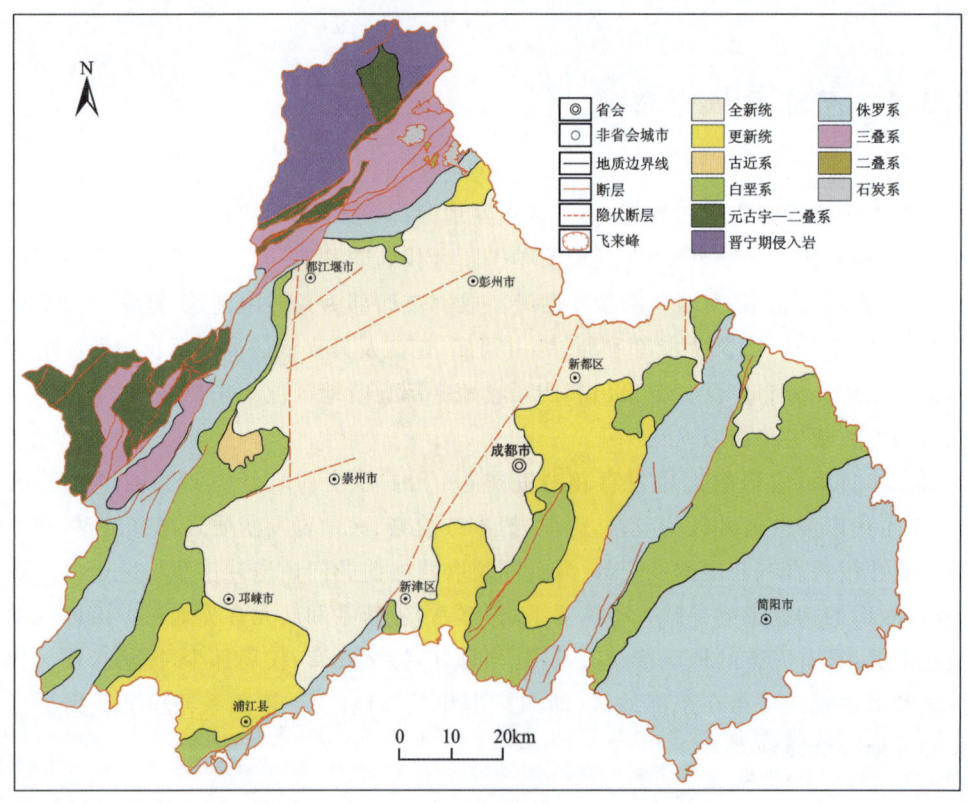

图 8.4　成都地质图

8.3.2 数据介绍

为地质建模收集的数据主要包括钻孔、地质剖面图、地质图[170]、数字高程模型(DEM)、构造纲要图、地球物理解释数据和地质文本。数据源的简要说明见表8.1。

表8.1 本研究使用的数据和材料说明

索引	数据类型	数量	空间分辨率或比例尺	简要描述
1	钻孔	65 725	—	主要包括位置、分层及重要测试信息
2	地质截面	25	横向1:5万,纵向1:1万	约束地下地质单元
3	地质图	1	1:25万	约束地表地质单元
4	DEM	1	30m	构建地形表面模型,为所有数据分配新的高程信息
5	构造纲要图	1	1:25万	用于约束地质构造的形态、形成及规模
6	第四系厚度等值线图	1	1:25万	根据地球物理数据进行解释,以约束第四纪地质单位的厚度
7	地质文本			多份地质报告以及地质科学文献

8.3.3 区域划分结果

使用前文中的方法对地质复杂性进行定量分析,数据源分布图如图8.5所示,具体结果如图8.6所示。龙门山地区地质结构高度复杂,地质构造以几何变形为主,分布密集,具有明显的坡度和倾角。龙泉山地区地质复杂性适中,而成都平原和东部丘陵区地质结构相对简单。以此为标准,在地质复杂度差异较大的地方划定边界线以进行区域划分。当将断层视为自然切割边界时,边界应尽可能沿断层线,以减少对地质单元完整性的破坏。同时,应保证每个子区域具有自己的地质意义;否则,则需要对边界线进行轻微调整。区域划分的结果如图8.6d所示,得到4个具有地质意义的子区域,从A到D分别标记为前龙门山逆冲推覆构造带、川西前陆盆地、龙泉山褶皱带和川中前陆盆地。

前龙门山逆冲推覆构造带以东部的安县-灌县断裂带为界。该区域构成了一个具有多阶段复合特征的大尺度构造带,包括映秀断裂、安县-灌县断裂、飞来峰以及一系列北东-南西向的断裂和褶皱。川西前陆盆地被德阳-金堂断裂和东部的龙泉山西坡断裂分割。这个盆地演变成一个地堑盆地,自侏罗纪—白垩纪以来积累了大量的第四纪矿床。除龙门山构造带附近西部地区断裂和褶皱引起的变形外,该盆地的地质单元主要由次水平层组成。龙泉山褶皱带沿龙泉山东、西坡断裂划分。该带主要由龙泉山复式背斜和龙泉山断裂带组成,东、西两侧相

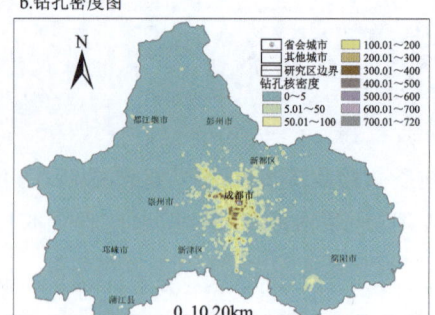
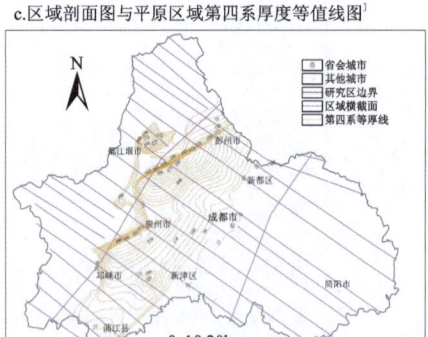
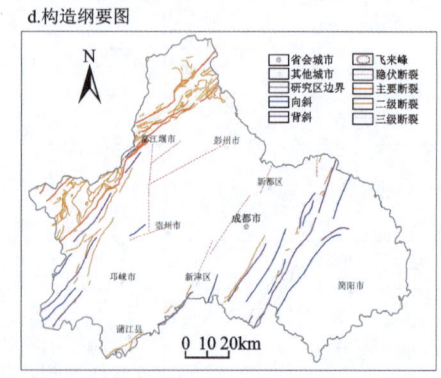

图 8.5　数据源分布图

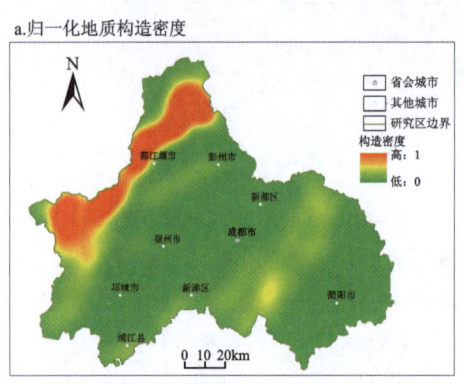
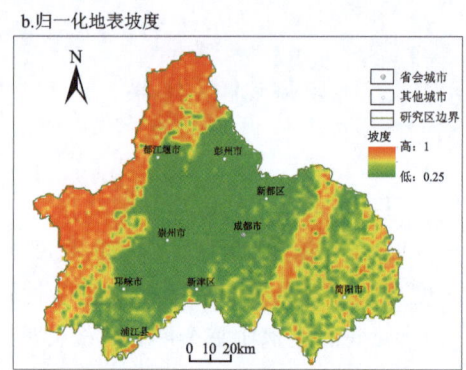
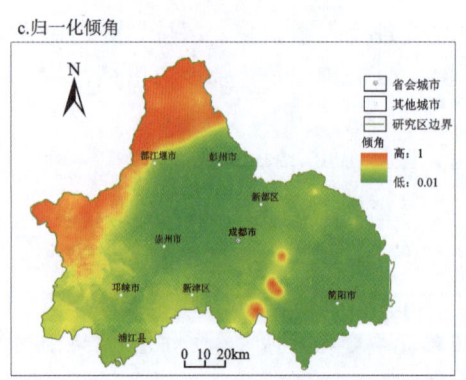
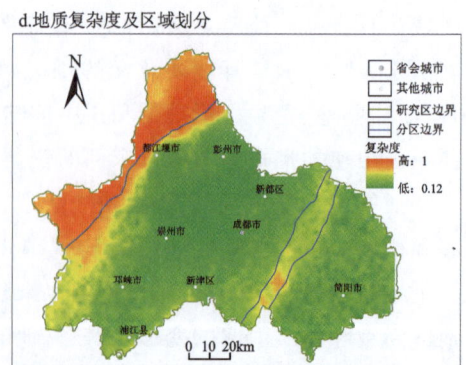

图 8.6　地质复杂度分析

对倾斜。川中前陆盆地位于龙泉山褶皱带以东,下方是一个由岩浆岩和各种片麻岩组成的结晶基底。没有褶皱的基底的盖层大部分完整,主要以侏罗纪—白垩纪地层为特征。

8.3.4 三维地质模型

4个区域的地质构造特征和数据分布各不相同。龙门山地区是一个复杂的变形构造带,数据稀疏,仅由地质图、剖面和方向数据组成。因此,首先,使用基于截面的交互式建模方法将专家的先验知识转换为约束数据;然后,将交互建模结果离散化为采样点,并采用基于径向基函数的隐式方法重构地质表面。川西前陆盆地具有简单的结构和整合地层,数据资料丰富,此处使用克里金插值曲面算法构建模型。龙泉山西坡断裂地质构造复杂,建模区域较窄,由于此处具有大量的定向数据,采用基于径向基函数的隐式方法。川中前陆盆地结构较为简单,具有一定数量的工程地质钻孔,采用有向距离隐式方法直接构造地质表面。

图8.7显示了使用本章提出的建模框架对成都区域进行建模的可视化结果,其中纵向的缩放比例设置为3倍。该模型描述了3D地质结构成都,从海平面以下1700m到海拔5364m不等。成都地质体丰富,从元古宇变质岩到第四系松散沉积物。模型展示了模拟范围内各地质体的形态特征、接触关系、发生变化、分布规律等地下空间信息。结果表明,通过使用所提出的框架处理相对简单的子任务,能够降低建模过程的复杂性,同时仍然可以有效地捕获地质特征和空间格局并将其纳入三维模型中。这种设计在操作上非常灵活,不仅允许将各种建模方法与不同的子区域组合和匹配,而且还使其易于更新和重新实现,而无需修改不相关的子模型。

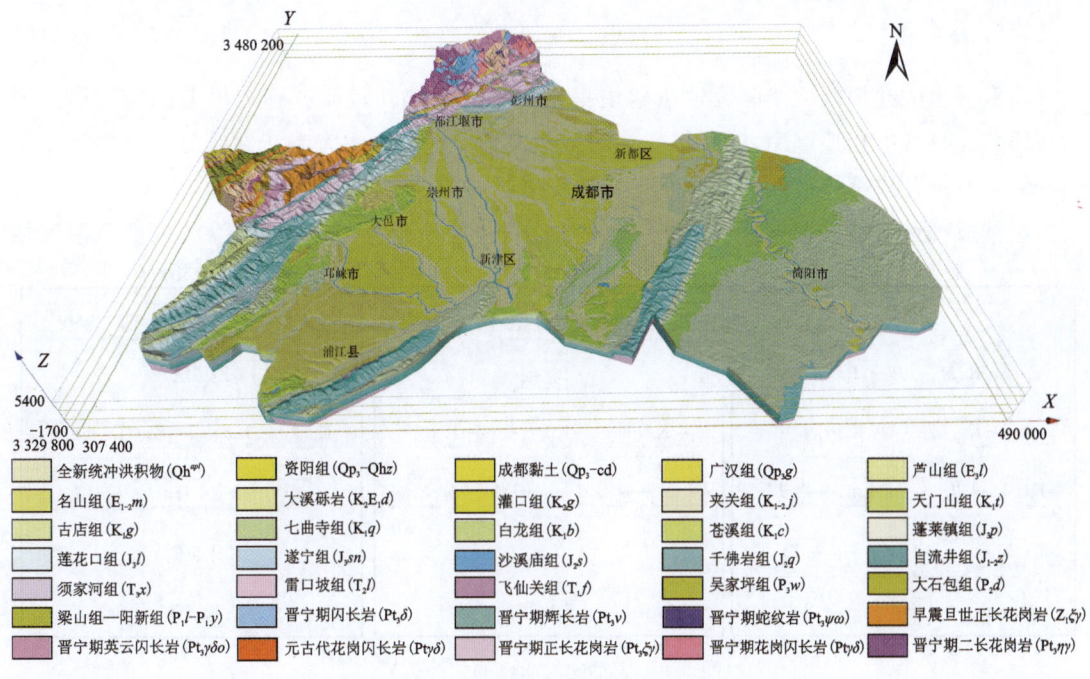

图8.7 成都三维地质模型

图8.8描绘了成都地区大尺度断裂带的分布图,如映秀断裂、安县-灌县断裂、新津-成都-德阳断裂等。该图展示了成都市主要断裂的类型、延伸形态和分布范围。结合图8.7,可观察到安县-灌县断裂西部以侵入变质岩为主,东部以碎屑岩为主。整个前龙门山逆冲推覆构造带受构造演化和造山运动的挤压作用,以条状和块状为主,使岩体呈现不规则、无层理的状态。川西前陆盆地普遍存在层状地质体,第四纪松散矿床广泛暴露。地质体的出现受到河流、溪流和其他水系流向的严重影响。龙泉山褶皱带及其东部地区以碎屑岩为主,地质体的出现不仅受沱江流向的影响,还受丘陵地貌地形的影响。

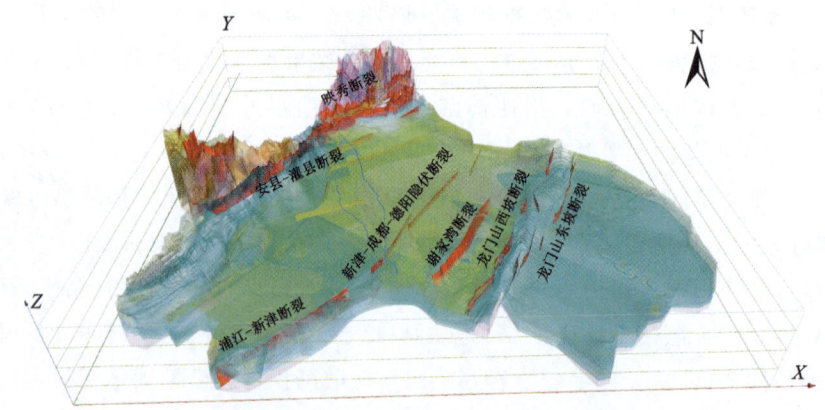

图8.8 成都地质模型中断裂带示意图

8.3.5 时间感知拓扑

本章提出的建模框架能够为地质建模提供一种时间感知策略。感知模型的构建严格遵循地质单元形成的相反顺序,以获得一致的拓扑关系。这种方法有利于在结构重建中捕捉复杂的结构特征。成都模拟区域的时间感知地质拓扑如图8.9所示。

根据成都区域地质调查报告结果,成都市自西向东横跨龙门山地层区域、成都地层区域

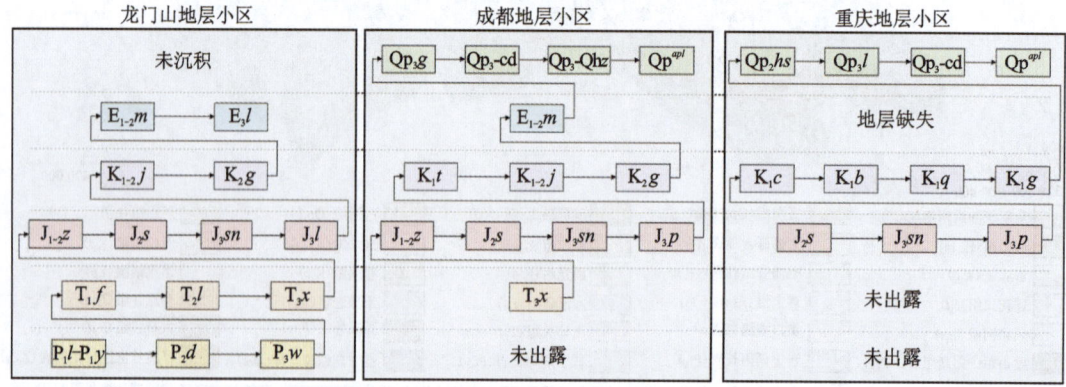

图8.9 成都的时间感知拓扑关系

和重庆地层区域。笔者进一步分别表达了每个地层子区域的拓扑信息,每个矩形代表一个地层构造,箭头指向较新的地层构造,相同颜色的矩形表示同一时期的地层单位,划分结果与地层子区域的分布吻合较好。龙门山地层区域揭示了子区域 A 的地层条件。成都地层区域对应子区域 B,重庆地层区域对应子区域 C、D。基于时间感知地质拓扑,晚三叠世(T3)后地层未在成都地层区域暴露。在重庆地层区域,前侏罗世地层(J2)未暴露,晚白垩世(K)和古近纪地层(E)缺失。此外,龙门山地层区域没有沉积第四纪地层(Q)。时间感知拓扑中揭示的信息有助于评估模型的地质合理性,如龙门山地区的模型中不可能存在第四纪地层。如图 8.10 所示,成都黏土层(Qp_3-cd)与七曲寺组(K_1q)之间有明显的不整合面接触,容易出现不整合界面。图 8.10 中的不整合区域可能发生强烈的侵蚀,晚白垩世和古近纪地层完全剥蚀后,第四纪地层逐渐堆积。

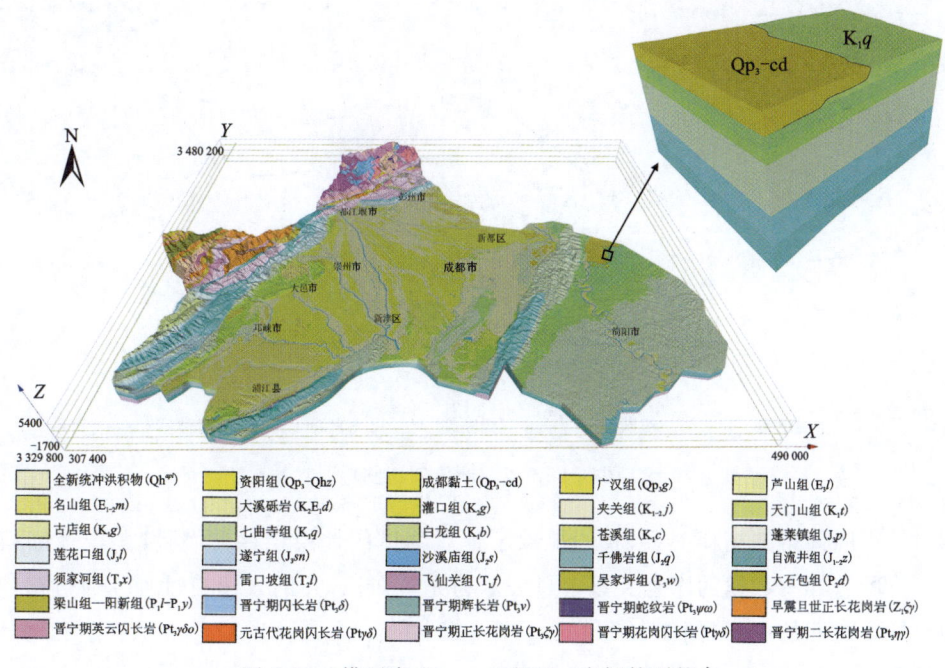

图 8.10 模型中 Qp_3-cd 和 K_1q 之间的不整合

8.3.6 地质知识的整合

本章节实验对地质先验知识的整合可作为模型构建的参考。笔者将来自多个数据源(地质数据和地质报告)的知识转换为结构化的三元组,以创建知识图谱。以图 8.11 成都断层知识图谱为例,图中的实体表示成都地区发育的断层,实体之间的链接表示空间关系,如方向关系,图形的大小则代表断层的重要程度。断层与已知断层类型和尺度的关系是上盘和下盘的相对分布。如图 8.11 所示,位于成都地区西部的映秀断层和安县-灌县断层是两条主要断层,在其上盘和下盘发育了大量的次生或小断裂。中部地区主要为一些隐蔽断裂。在龙泉山及其东部地区,最大的断层是龙泉山断裂,也可以观察到一些小断裂。此外,可以在知识图谱上进行一些简单的推理,以定性测试模型的合理性。例如盐井-捧达弧形断层位于安县-灌县断裂的西部,吆堂子-跃坝弧形断裂位于盐井-捧达弧形断层的西部,如图 8.11 中红色虚线矩形所示。基于知识图谱的简单知识推理得出,吆堂子-跃坝弧形断裂位于安县-灌县断裂的西侧。如果构建的模型中出现了与图谱中不同的关系,应针对研究区域进行合理性分析,判断模型是否符合真实的情况。

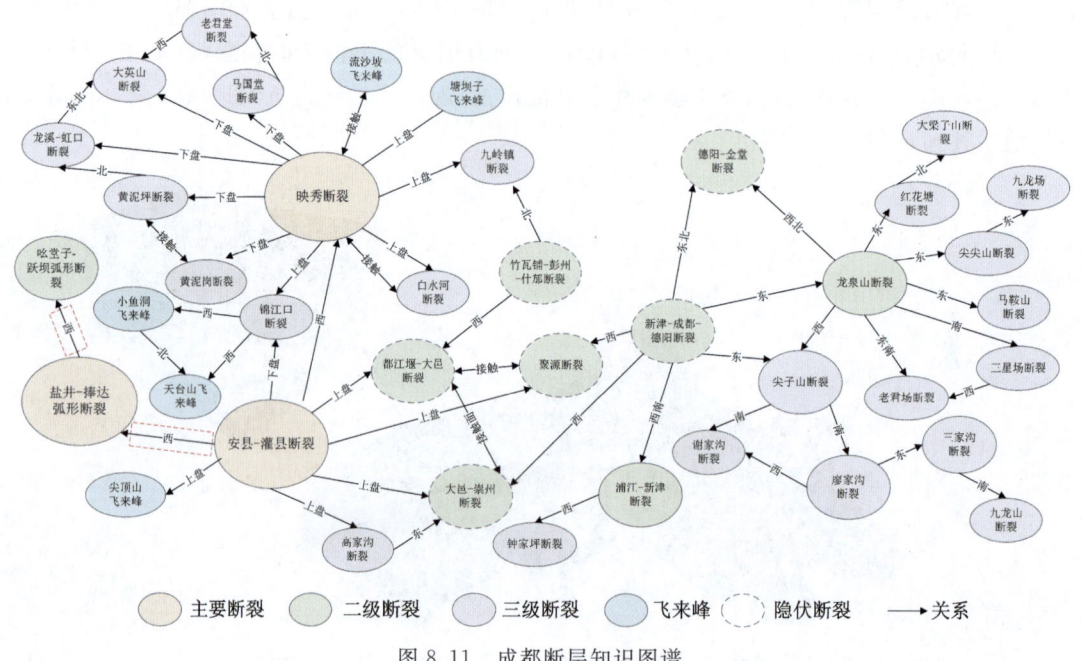

图 8.11 成都断层知识图谱

同时基于时间感知拓扑关系,我们提取了地质物体的地层层序,并将其与上述断层知识相结合。将所有样本数据的序列关系定量表示为先验知识,并纳入建模过程。通过构建二维矩阵表示样本之间的关系,例如 $R=[[s_1,0],[s_2,1],[s_3,1],[s_4,1],[s_5,1],\ldots,[s_n,0]]$。在第一个维度中,$s_i(i\in[1,n])$ 代表第 i 层,其中 s_1 为最新的断层,s_n 为最老的。第二个维度中的元素则表示它是否与某个断层相交,如果相交则为 1,反之则为 0。整个建模过程按时间顺序从新到旧依次生成地质界面,矩阵 R 是用于约束地层序列并确定其与地质演化保持一致性。

8.4 本章小结

本章介绍了适用于不同类型地质结构和数据密度的一种综合地质建模框架。该框架基于"分而治之"原则,实现了建模区域与建模方法的自适应匹配。研究结果表明,该框架能够弥补单一模式建模方法的不足,提高了复杂地质环境下的工程地质调查效率。本章对于地质知识的结构化表达的研究验证了地质知识在地质模型构建过程中的作用,地质学文献和地质专家头脑中存在的非结构化先验知识有望在模型构建中得到进一步利用,探索了构建面向地质建模的大规模知识图谱设计。基于目前的研究,可以使用地质知识图谱对模型构建进行定性指导,并诊断模型的合理性。

参考文献

[1] HOULDING S. 3D geoscience modeling: computer techniques for geological characterization[M/OL]. Springer Science & Business Media,2012[2024-11-17]. https://books.google.com/books?hl=zh-CN&lr=&id=bGa4BgAAQBAJ&oi=fnd&pg=PT12&dq=3D+geoscience+modeling:+Computer+techniques+for+geological+characterization&ots=QpPN8fzfT0&sig=k9R5ULsGdyHmGrLklVEz4bpcqrE.

[2] 潘懋,方裕,屈红刚. 三维地质建模若干基本问题探讨[J]. 地理与地理信息科学,2007,23(3):1-5.

[3] JESSELL M,AILLERES L,DE KEMP E,et al. Next generation three-dimensional geologic modeling and inversion[J/OL]. 2014[2024-11-17]. https://pubs.geoscienceworld.org/segweb/books/book/1240/chapter/107047745/Next-Generation-Three-Dimensional-Geologic.

[4] WELLMANN F,CAUMON G. 3-D Structural geological models:Concepts,methods,and uncertainties[M/OL]. Advances in geophysics,2018(59):1-121.

[5] 陈麒玉,刘刚,何珍文,等. 面向地质大数据的结构-属性一体化三维地质建模技术现状与展望[J]. 地质科技通报,2020,39(4):51-58.

[6] 吴志春,郭福生,林子瑜,等. 三维地质建模中的多源数据融合技术与方法[J]. 吉林大学学报(地球科学版),2016,46(6):1895-1913.

[7] 朱庆,付萧. 多模态时空大数据可视分析方法综述[J]. 测绘学报,2017(10):1672-1677.

[8] 赵鹏大. 地质大数据特点及其合理开发利用[J]. 地学前缘,2019,26(4):1-5.

[9] 周永章,陈川,张旗,等. 地质大数据分析的若干工具与应用[J]. 大地构造与成矿学,2020,44(2):173-182.

[10] 荆永滨. 矿床三维地质混合建模与属性插值技术的研究及应用[D]. 长沙:中南大学,2010.

[11] 李新,程国栋,卢玲. 空间内插方法比较[J]. 地球科学进展,2000,15(3):260-265.

[12] 郑佳荣. 基于GIS的地矿三维属性场建模研究[D]. 北京:中国矿业大学(北京),2012.

[13] 武强,徐华. 三维地质建模与可视化方法研究[J]. 中国科学(D辑:地球科学),2004,34(1):54-60.

[14] 吴冲龙,毛小平,田宜平,等. 三维数字盆地构造-地层格架模拟技术[J]. 地质科技情报,2006,25(4):1-8.

[15]陈麒玉.基于多点地质统计学的三维地质体随机建模方法研究[D].武汉:中国地质大学(武汉),2018.

[16]HILLIER M J,SCHETSELAAR E M,DE KEMP E A,et al. Three-dimensional modelling of geological surfaces using generalized interpolation with radial basis functions[J/OL]. Mathematical Geosciences,2014,46(8):931-953. DOI:10.1007/s11004-014-9540-3.

[17]LAM N S N. Spatial interpolation methods:a review[J/OL]. The American Cartographer,1983,10(2):129-150. DOI:10.1559/152304083783914958.

[18]郭甲腾,刘寅贺,韩英夫,等.基于机器学习的钻孔数据隐式三维地质建模方法[J].东北大学学报(自然科学版),2019,40(9):1337-1342.

[19]ZUFFETTI C,COMUNIAN A,BERSEZIO R,et al. A new perspective to model subsurface stratigraphy in alluvial hydrogeological basins,introducing geological hierarchy and relative chronology[J/OL]. Computers & Geosciences,2020,140:104506. DOI:10.1016/j.cageo.2020.104506.

[20]施龙青,徐东晶,邱梅,等.基于多元回归分析法预测断层防隔水煤柱宽度[J/OL].煤炭科学技术,2013,41(6):108-110,113. DOI:10.13199/j.cst.2013.06.114.shilq.030.

[21]GRANIAN H,TABATABAEI S H,ASADI H H,et al. Multivariate regression analysis of lithogeochemical data to model subsurface mineralization:a case study from the Sari Gunay epithermal gold deposit,NW Iran[J/OL]. Journal of Geochemical Exploration,2015,148:249-258. DOI:10.1016/j.gexplo.2014.10.009.

[22]潘结南,孟召平,甘莉.矿山三维地质建模与可视化研究[J].煤田地质与勘探,2005(1):16-18.

[23]陈恭洋,胡勇,周艳丽,等.地震波阻抗约束下的储层地质建模方法与实践[J].地学前缘,2012,19(2):67-73.

[24]王宝龙,李青元,贾会玲,等.正则化薄板样条函数拟合地层界面[J].煤田地质与勘探,2017,45(5):23-27,32.

[25]冯波,陈明涛,岳冬冬,等.基于两种插值算法的三维地质建模对比[J/OL].吉林大学学报(地球科学版),2019,49(4):1200-1208. DOI:10.13278/j.cnki.jjuese.20180250.

[26]郭艳军,潘懋,燕飞,等.自然邻点插值方法在三维地质建模中的应用[J].解放军理工大学学报(自然科学版),2009,10(6):650-655.

[27]MALLET J L. Discrete smooth interpolation[J/OL]. ACM Transactions on Graphics,1989,8(2):121-144. DOI:10.1145/62054.62057.

[28]郭甲腾,吴立新,周文辉.基于径向基函数曲面的矿体隐式自动三维建模方法[J/OL].煤炭学报,2016,41(8):2130-2135. DOI:10.13225/j.cnki.jccs.2016.0688.

[29]庞庆刚,车德福,贾庆仁.基于多尺度CSRBFs的地层三维地质建模[J/OL].金属矿山,2020(7):155-160. DOI:10.19614/j.cnki.jsks.202007023.

[30]许国,王长海.万家口水电站复杂地质体三维模型及其数值模型构建[J].武汉大学学报(工学版),2013,46(4):469-474.

[31] OLIVER M A, WEBSTER R. Kriging: a method of interpolation for geographical information systems[J/OL]. International journal of geographical information systems, 1990, 4(3): 313-332. DOI: 10.1080/02693799008941549.

[32] 姜岩, 李纲, 刘文岭. 基于地震解释成果的地质建模技术及应用[J]. 大庆石油地质与开发, 2004(5): 115-117, 126.

[33] 王金鑫, 秦子龙, 曹泽宁, 等. 基于八叉树的修正克里金空间插值算法[J/OL]. 郑州大学学报(工学版), 2021, 42(6): 21-27. DOI: 10.13705/j.issn.1671-6833.2021.06.004.

[34] ZHOU C, OUYANG J, MING W, et al. A stratigraphic prediction method based on machine learning[J/OL]. Applied Sciences, 2019, 9(17): 3553. DOI: 10.3390/app9173553.

[35] BURT A, SIRLES P, TURNER A. Data sources for building geological models[M/OL]. New Jersey: Wiley Online Library, 2021: 133-182. DOI: 10.1002/9781119163091.ch7.

[36] BIAN X, FAN Z, LIU J, et al. Regional 3D geological modeling along metro lines based on stacking ensemble model[J/OL]. Underground Space, 2024, 18: 65-82. DOI: 10.1016/j.undsp.2023.12.002.

[37] CHEN Q, LIU G, MA X, et al. Conditional multiple-point geostatistical simulation for unevenly distributed sample data[J/OL]. Stochastic Environmental Research and Risk Assessment, 2019, 33(416): 973-987. DOI: 10.1007/s00477-019-01671-5.

[38] FENG Y, WEN G, SHANG J, et al. Research on 3D geological modeling based on boosting integration strategy[J/OL]. Ore Geology Reviews, 2024, 171: 106157. DOI: 10.1016/j.oregeorev.2024.106157.

[39] WANG G, CARR T R, JU Y, et al. Identifying organic-rich Marcellus Shale lithofacies by support vector machine classifier in the Appalachian basin[J/OL]. Computers & Geosciences, 2014, 64: 52-60. DOI: 10.1016/j.cageo.2013.12.002.

[40] YU X, XU Y. A methodology for automatically 3D geological modeling based on geophysical data grids[C]//2015 8th International Conference on Intelligent Computation Technology and Automation (ICICTA) IEEE, 2015: 40-43.

[41] WEI Y, XING Z, CHU J, et al. Use of tree-based machine learning methods for stratigraphic classification in 3D geological modelling[J/OL]. IOP Conference Series: Earth and Environmental Science, 2021, 861: 072039. DOI: 10.1088/1755-1315/861/7/072039.

[42] SMIRNOFF A, BOISVERT E, PARADIS S J. Support vector machine for 3D modelling from sparse geological information of various origins[J/OL]. Computers & Geosciences, 2008, 34(2): 127-143.

[43] GONCALVES I G, KUMAIRA S, GUADAGNIN F. A machine learning approach to the potential-field method for implicit modeling of geological structures[J/OL]. Computers & Geosciences, 2017, 103: 173-182. DOI: 10.1016/j.cageo.2017.03.015.

[44] GUO J, LIU Y, YIN F H, et al. Implicit 3D geological modeling method for borehole data based on machine learning[J/OL]. Journal of Northeastern University, 2019,

40:1337-1342. DOI:10.12068/j.issn.1005-3026.2019.09.021.

[45]CAO X, LIU Z, HU C, et al. Three-dimensional geological modelling in earth science research: an in-depth review and perspective analysis[J/OL]. Minerals, 2024, 14(7):686. DOI:10.3390/min14070686.

[46]LIU Y Y, MA X H, ZHANG X W, et al. A deep-learning-based prediction method of the estimated ultimate recovery (EUR) of shale gas wells[J/OL]. Petroleum Science, 2021, 18(5):1450-1464. DOI:10.1016/j.petsci.2021.08.007.

[47]PORWAL A, CARRANZA E J M, HALE M. Artificial neural networks for mineral-potential mapping: a case study from Aravalli Province, Western India[J/OL]. Natural Resources Research, 2003, 12(3):155-171. DOI:10.1023/A:1025171803637.

[48]CAERS J, MA X. Modeling conditional distributions of facies from Seismic Using Neural Nets[J/OL]. Mathematical Geology, 2002, 34(2):143-167. DOI:10.1023/A:1014460101588.

[49]BREIMAN L. Random forests[J/OL]. Machine Learning, 2001, 45(1):5-32. DOI:10.1023/A:1010933404324.

[50]RODRIGUEZ-GALIANO V, SANCHEZ-CASTILLO M, CHICA-OLMO M, et al. Machine learning predictive models for mineral prospectivity: an evaluation of neural networks, random forest, regression trees and support vector machines[J/OL]. Ore Geology Reviews, 2015, 71:804-818. DOI:10.1016/j.oregeorev.2015.01.001.

[51]MOSSER L, DUBRULE O, BLUNT M J. Reconstruction of three-dimensional porous media using generative adversarial neural networks[J]. Physical Review E.,2017,96(4):043309.

[52]FU G, LÜ Q, YAN J, et al. 3D mineral prospectivity modeling based on machine learning: a case study of the Zhuxi tungsten deposit in northeastern Jiangxi Province, South China [J/OL]. Ore Geology Reviews, 2021, 131:104010. DOI:10.1016/j.oregeorev.2021.104010.

[53]CHAN S, ELSHEIKH A H. Parametrization and generation of geological models with generative adversarial networks[A/OL]. arXiv preprint arXiv, 2019;1708:01810[2024-11-17]. http://arxiv.org/abs/1708.01810. DOI:10.48550/arXiv.1708.01810.

[54]JIA R, LV Y, WANG G, et al. A stacking methodology of machine learning for 3D geological modeling with geological-geophysical datasets, Laochang Sn camp, Gejiu (China)[J/OL]. Computers & Geosciences, 2021, 151:104754. DOI:10.1016/j.cageo.2021.104754.

[55]SHI C, WANG Y. Development of subsurface geological cross-section from limited site-specific boreholes and prior geological knowledge using iterative convolution XGBoost [J/OL]. Journal of Geotechnical and Geoenvironmental Engineering, 2021, 147:04021082. DOI:10.1061/(ASCE)GT.1943-5606.0002583.

[56]KAUFMANN O, MARTIN T. 3D geological modelling from boreholes, cross-sections and geological maps, application over former natural gas storages in coal mines[J/OL].

Computers & Geosciences,2008,34(3):278-290. DOI:10.1016/j.cageo.2007.09.005.

[57] YUE L,SHEN H,LI J,et al. Image super-resolution:the techniques,applications, and future[J/OL]. Signal Processing,2016,128:389-408. DOI:10.1016/j.sigpro.2016. 05.002.

[58] FU C Y,TSAY J R. Statistic tests aided multi-source dem fusion [J/OL]. 2016 [2024-11-17]. https://nckur.lib.ncku.edu.tw/handle/987654321/166595.

[59] PHAM H T,MARSHALL L,JOHNSON F,et al. A method for combining SRTM DEM and ASTER GDEM2 to improve topography estimation in regions without reference data[J/OL]. Remote Sensing of Environment,2018,210:229-241. DOI:10.1016/j.rse. 2018.03.026.

[60] 马宁. 基于钻孔数据的三维地层模型分析-中国知网[EB/OL].[2024-11-18]. https://libproxy.cug.edu.cn/https/443/net/cnki/kns/yitlink/kcms2/article/abstract? v=WStw-Pbchoy7DnJm_r_GtqbxOmIUwz0-szYHR_4N7oaw8W7_irkfaD1QtZ76CuSeyxoFgOOgTfVI4Cqe YEfwpdi3hVHCk_ufecmxCmjF2s4mnwewOtoJ-NRizkrBmjfjzCAEvLOTIXdpR6yriCcFHqiQFTr G1rxDXBbgE77MDnPqvKuMCm2t_d0gfgQx-cVW&uniplatform=NZKPT&language=CHS.

[61] 夏艳华. 面向实时可视化与数值模拟3DSIS数据模型研究[EB/OL].[2024-11-18]. https://libproxy.cug.edu.cn/https/443/net/cnki/kns/yitlink/kcms2/article/abstract? v=WStw-PbchoxhI6rrQCoccodROzGWfyF-0_KAftNBKmWmea2DT3tBn33U8rSkN49sdT4cdta BxTWYOoLJ_ UszIQaanNce19egVdZjKh4TLsdF90wXob9wZxDv3CI2LUrR1s5vOVe7anqRbvn OtlVjp6EsLH0W 0Tz6jfbq5HbNuO6SI6FdSN_PCSw6l3jQZapZ&uniplatform=NZKPT& language=CHS.

[62] 易志新,徐雪强,何家明. 矿产勘查的三维地质建模及可视化技术研究[EB/OL].[2024-11-18]. https://libproxy.cug.edu.cn/https/443/net/cnki/kns/yitlink/nzkhtml/xmlRead/trialRead. html? dbCode=CJFD&tableName=CJFDTOTAL&fileName=XPJX202411040&fileSourceType=1& invoice=v5d9fHBYvIGUKxW9uMKjdmAFcYDXZLxNO0gc70rB4kYbGYnd HmCcFH9QX pMqK1kc8wcchUQYEdhKeXAaiH4IppTeBnMSKbf%2f5RL%2fu0ZevWwa%2fMqJ%2b9d Nds3WOWfM68vd1DkVJYrYRRTlO8wRxQqqnaF1uHZHbWBlnNFi9roi6hY% 3d &appId= KNS_BASIC_PSMC.

[63] 李健,王心宇,刘沛溶,等. 融合钻孔与地质剖面的三维地质混合插值方法[J]. 郑州大学学报(理学版),2022,54(3):1-9.

[64] VAPNIK V N,CHERVONENKIS A. A note on one class of perceptrons[J]. Automation and Remote Control,1964,25(1):774-780.

[65] VAPNIK V N. Pattern recognition using generalized portrait method[J/OL]. Automation and Remote Control,1963[2024-11-18]. https://www.semanticscholar.org/paper/Pattern-recognition-using-generalized-portrait-Vapnik/7cabbdf6a7288d15e26fa6ea504009bab3d1edf4.

[66] CORTES C,VAPNIK V. Support-vector networks[J/OL]. Machine Learning, 1995,20(3):273-297. DOI:10.1007/BF00994018.

[67] HODGES J J L,FIX E. Discriminatory analysis:nonparametric discrimination:

consistency properties[J/OL]. International Statistical Review,1989,57(3):238-247. DOI:10.2307/1403797.

[68]FIX E,HODGES J J L. Discriminatory analysis - nonparametric discrimination: small sample performance[J/OL]. 1952[2024-11-18]. http://www.researchgate.net/publication/235131069_Discriminatory_Analysis_-_Nonparametric_Discrimination_Small_Sample_Performance.

[69]CARRANZA E J M,LABORTE A G. Random forest predictive modeling of mineral prospectivity with small number of prospects and data with missing values in Abra (Philippines)[J/OL]. Computers & Geosciences,2015,74:60-70. DOI:10.1016/j.cageo.2014.10.004.

[70]RODRIGUEZ-GALIANO V,MENDES M P,GARCIA-SOLDADO M J,et al. Predictive modeling of groundwater nitrate pollution using Random Forest and multisource variables related to intrinsic and specific vulnerability:a case study in an agricultural setting (Southern Spain)[J/OL]. Science of The Total Environment,2014,476-477:189-206. DOI:10.1016/j.scitotenv.2014.01.001.

[71]ZAREMOTLAGH S,HEZARKHANI A. The use of decision tree induction and artificial neural networks for recognizing the geochemical distribution patterns of LREE in the Choghart deposit,Central Iran[J/OL]. Journal of African Earth Sciences,2017,128:37-46. DOI:10.1016/j.jafrearsci.2016.08.018.

[72]CELIK U,BASARIR C. The Prediction of precious metal prices via artificial neural network by using rapid miner[J/OL]. Alphanumeric Journal,2017,5(1):45-45. DOI:10.17093/alphanumeric.290381.

[73]HILLIER M,WELLMANN F,BRODARIC B,et al. Three-dimensional structural geological modeling using Graph Neural Networks[J/OL]. Mathematical Geosciences,2021,53(8):1725-1749. DOI:10.1007/s11004-021-09945-x.

[74]KEARNS M,VALIANT L. Cryptographic limitations on learning boolean formulae and finite automata[J]. Journal of the ACM,1994,41(1):67-95.

[75]YANG L,HYDE D,GRUJIC O,et al. Assessing and visualizing uncertainty of 3D geological surfaces using level sets with stochastic motion[J/OL]. Computers & Geosciences,2019,122:54-67. DOI:10.1016/j.cageo.2018.10.006.

[76] STAMM F A,DE LA VARGA M,WELLMANN F. Actors, actions, and uncertainties:optimizing decision-making based on 3-D structural geological models[J/OL]. Solid Earth,2019,10(6):2015-2043. DOI:10.5194/se-10-2015-2019.

[77]WELLMANN J F,REGENAUER-LIEB K. Uncertainties have a meaning:information entropy as a quality measure for 3-D geological models[J/OL]. Tectonophysics,2012,526-529:207-216. DOI:10.1016/j.tecto.2011.05.001.

[78]SHANNON C E. A mathematical theory of communication[J/OL]. Bell System

Technical Journal,1948,27(3):379-423. DOI:10.1002/j.1538-7305.1948.tb01338.x.

[79] FUENTES I, PADARIAN J, IWANAGA T, et al. 3D lithological mapping of borehole descriptions using word embeddings[J/OL]. Computers & Geosciences,2020,141: 104516. DOI:10.1016/j.cageo.2020.104516.

[80] DEV V A, EDEN M R. Formation lithology classification using scalable gradient boosted decision trees[J/OL]. Computers & Chemical Engineering,2019,128:392-404. DOI:10.1016/j.compchemeng.2019.06.001.

[81] SUN J, ZHANG R, CHEN M, et al. Real-time updating method of local geological model based on logging while drilling process[J/OL]. Arabian Journal of Geosciences,2021, 14(9):1-17. http://dx.doi.org/10.1007/s12517-021-07034-1. DOI:10.1007/s12517-021-07034-1.

[82] WANG Y, JING H, YU L, et al. Set pair analysis for risk assessment of water inrush in karst tunnels[J/OL]. Bulletin of Engineering Geology and the Environment,2016, 76(3):1199-1207. DOI:10.1007/s10064-016-0918-y.

[83] ARAB M, BELHAI D, GRANJEON D, et al. Coupling stratigraphic and petroleum system modeling tools in complex tectonic domains: case study in the North Algerian Offshore [J/OL]. Arabian Journal of Geosciences,2016,9(4):289. http://dx.doi.org/10.1007/s12517-015-2296-3. DOI:10.1007/s12517-015-2296-3.

[84] CATUNEANU O. Model-independent sequence stratigraphy[J/OL]. Earth-Science Reviews,2019,188:312-388. DOI:10.1016/j.earscirev.2018.09.017.

[85] MILAD B, SLATT R, FUGE Z. Lithology, stratigraphy, chemostratigraphy, and depositional environment of the Mississippian Sycamore rock in the SCOOP and STACK area, Oklahoma, USA: field, lab, and machine learning studies on outcrops and subsurface wells[J/OL]. Marine and Petroleum Geology,2020,115:104278. DOI:10.1016/j.marpetgeo.2020.104278.

[86] YU Y, XIA Z. Study on the application of seismic sedimentology in a stratigraphic-lithologic reservoir in central Junggar Basin[J/OL]. IOP Conference Series: Earth and Environmental Science,2017,69:012023. DOI:10.1088/1755-1315/69/1/012023.

[87] CRACKNELL M J, READING A M. Geological mapping using remote sensing data: a comparison of five machine learning algorithms, their response to variations in the spatial distribution of training data and the use of explicit spatial information[J/OL]. Computers & Geosciences,2014,63:22-33. DOI:10.1016/j.cageo.2013.10.008.

[88] MEREMBAYEV T, KURMANGALIYEV D, BEKBAUOV B, et al. A comparison of machine learning algorithms in predicting lithofacies: case studies from Norway and Kazakhstan[J/OL]. Energies,2021,14(7):1896. DOI:10.3390/en14071896.

[89] LIU Y, ZHENG Z, ZHAO L, et al. Quality assessment of post-consumer plastic bottles with joint entropy method: a case study in Beijing, China[J/OL]. Resources,

Conservation and Recycling,2021,175:105839. DOI:10. 1016/j. resconrec. 2021. 105839.

[90]POWERS D M,DAVID M W. Evaluation:from precision,recall and F – measure to ROC,informedness,markedness and correlation[J]. Journal of Machine Learning Technologies,2021,2(1):37 – 63.

[91]ZAVADSKAS E K,TURSKIS Z. A new logarithmic normalization method in games theory[J/OL]. Informatica,2008,19(2):303 – 314. DOI:10. 15388/informatica. 2008. 215.

[92]YUAN Y,CHUN – FU S,XUN J,et al. True 3D surface feature visualization design and realization with MapGIS K9[J/OL]. Green Intelligent Transportation Systems,2017,419:13 – 27. DOI:10. 1007/978 – 981 – 10 – 3551 – 7_2.

[93]STEHMAN S V. Selecting and interpreting measures of thematic classification accuracy[J/OL]. Remote Sensing of Environment,1997,62(1):77 – 89. DOI:10. 1016/s0034 – 4257(97)00083 – 7.

[94]WANG M,WANG E,LIU X,et al. Topological graph representation of stratigraphic properties of spatial – geological characteristics and compression modulus prediction by mechanism – driven learning[J]. Computers and Geotechnics,2023,153:105112.

[95]EGENHOFER M J,HERRING J R. Categorizing binary topological relations between regions,lines and points in geographic databases[R]. Buffalo,NY,USA:National Center for Geographic Information and Analysis,1994.

[96]BURNS K L. Retrieval of tectonic process models from geologic maps and diagrams [C]. In Proceedings of the Meeting of Geoscience Information Society,Cincinnati,OH,USA,1981:105 – 111.

[97]PEDREGOSA F,VAROQUAUX G,GRAMFORT A,et al. Scikit – learn:machine Learning in Python[J]. Journal of Machine Learning Resource,2011,12:2825 – 2830.

[98]宣伟,花向红,邹进贵,等. 自适应最优邻域尺寸选择的点云法向量估计方法[J]. 测绘科学,2019,44(10):101 – 108,116.

[100]ALEJANDRO GRACIANO,RUEDA ANTONIO-JESÚS,FEITO FRANCISCO – RAMÓN. A formal framework for the representation of stack – based terrains[J]. International Journal of Geographical Information Science(IJGIS),2018,32(10):1999 – 2022.

[101]BOUREAU Y L,PONCE J,LECUN Y. A theoretical analysis of feature pooling in visual recognition[J]. International Conference on Machine Learning,2010,32(4):111 – 118.

[102]VAN VLIET L J,YOUNG I T,BECKERS G L. A nonlinear laplace operator as edge detector in noisy images[J/OL]. Computer Vision,Graphics,and Image Processing,1989,45(2):167 – 195. DOI:10. 1016/0734 – 189X(89)90131 – X.

[103]ZHANG W,ITOH K,TANIDA J,et al. Parallel distributed processing model with local space – invariant interconnections and its optical architecture[J/OL]. Applied Optics,1990,29(32):4790 – 4797. DOI:10. 1364/AO. 29. 004790.

[104] ZHONG D Y, WANG L G, BI L, et al. Implicit modeling of complex orebody with constraints of geological rules[J/OL]. Transactions of Nonferrous Metals Society of China, 2019, 29(11): 2392-2399. DOI: 10.1016/S1003-6326(19)65145-9.

[105] ZHANG Z, WANG G, CARRANZA E J M, et al. An integrated machine learning framework with uncertainty quantification for three-dimensional lithological modeling from multi-source geophysical data and drilling data[J/OL]. Engineering Geology, 2023, 324: 107255. DOI: 10.1016/j.enggeo.2023.107255.

[106] ZOU Y L, HU F L, ZHOU C C, et al. Analysis of radial basis function interpolation approach[J/OL]. Applied Geophysics, 2013, 10(4): 397-410. DOI: 10.1007/s11770-013-0407-z.

[107] SILVA D A, DEUTSCH C V. A multiple training image approach for spatial modeling of geologic domains[J/OL]. Mathematical Geosciences, 2014, 46(7): 815-840. DOI: 10.1007/s11004-014-9543-0.

[108] VASWANI A, SHAZEER N, PARMAR N, et al. Attention is all you need[C]// Proceedings of the 31st International Conference on Neural Information Processing Systems. Red Hook, NY, USA: Curran Associates Inc., 2017: 6000-6010.

[109] 王波, 雷传扬, 刘兆鑫, 等. 三维地质建模过程中综合地质剖面构建方法研究[J]. 沉积与特提斯地质, 2021, 41(1): 112-120.

[110] MCHUGH M. Interrater reliability: The kappa statistic[J/OL]. Biochemia medica: casopis Hrvatskoga društva medicinskih biokemicara/HDMB, 2012, 22: 276-282. DOI: 10.11613/BM.2012.031.

[111] MARZAN I, MARTI D, LOBO A, et al. Joint interpretation of geophysical data: applying machine learning to the modeling of an evaporitic sequence in Villar de Cañas (Spain)[J/OL]. Engineering Geology, 2021, 288: 106126. DOI: 10.1016/j.enggeo.2021.106126.

[112] OLIEROOK H K H, SCALZO R, KOHN D, et al. Bayesian geological and geophysical data fusion for the construction and uncertainty quantification of 3D geological models[J/OL]. Geoscience Frontiers, 2021, 12(1): 479-493. DOI: 10.1016/j.gsf.2020.04.015.

[113] PANZERA F, ALBER J, IMPERATORI W, et al. Reconstructing a 3D model from geophysical data for local amplification modelling: the study case of the upper Rhone valley, Switzerland[J/OL]. Soil Dynamics and Earthquake Engineering, 2022, 155: 107163. DOI: 10.1016/j.soildyn.2022.107163.

[114] DELL'AVERSANA P, BERNASCONI G, CHIAPPA F, et al. A global integration platform for optimizing cooperative modeling and simultaneous joint inversion of multi-domain geophysical data[J/OL]. AIMS Geosciences, 2016, 2(1): 1-31. DOI: 10.3934/geosci.2016.1.1.

[115] LI H, WAN B, CHU D, et al. Progressive geological modeling and uncertainty analysis using machine learning[J/OL]. ISPRS International Journal of Geo-information,

2023,12(3):97. DOI:10.3390/ijgi12030097.

[116]TANG J,XU W,LI J,et al. Multi-view learning methods with the LINEX loss for pattern classification[J/OL]. Knowledge-based Systems,2021,228:107285. DOI:10.1016/j.knosys.2021.107285.

[117]WEN J,ZHANG Z,FEI L,et al. A survey on incomplete multi-view clustering[A/OL]. arXiv,2022[2024-11-18]. http://arxiv.org/abs/2208.08040. DOI:10.48550/arXiv.2208.08040.

[118]GAO X,ZHANG Y,HU J,et al. Site-scale bedrock fracture modeling of a spent fuel reprocessing site based on borehole group in Northwest,China[J]. Engineering Geology,2022,304:106682.

[119]LI X,CHEN J,MA C,et al. A novel in-situ stress measurement method incorporating non-oriented core ground re-orientation and acoustic emission:a case study of a deep borehole[J]. International Journal of Rock Mechanics and Mining Sciences,2022,152:105079.

[120]ZOU H,PEI Q M,LI X Y,et al. Application of field-portable geophysical and geochemical methods for tracing the Mesozoic-Cenozoic vein-type fluorite deposits in shallow overburden areas:a case from the Wuliji'Oboo deposit,Inner Mongolia,NE China[J/OL]. Ore Geology Reviews,2022,142:104685. DOI:10.1016/j.oregeorev.2021.104685.

[121]ISHOLA K S,AMU B D,ADEOTI L. Evaluation of near-surface conditions for engineering site characterization using geophysical and geotechnical methods in Lagos,Southwestern Nigeria[J/OL]. NRIAG Journal of Astronomy and Geophysics,2022,11(1):237-256. DOI:10.1080/20909977.2022.2075160.

[122]YAN X,HU S,MAO Y,et al. Deep multi-view learning methods:a review[J/OL]. Neurocomputing,2021,448:106-129. DOI:10.1016/j.neucom.2021.03.090.

[123]CASTIGLIA M,SANTUCCI DE MAGISTRIS F,ONORI F,et al. Response of buried pipelines to repeated shaking in liquefiable soils through model tests[J/OL]. Soil Dynamics and Earthquake Engineering,2021,143:106629. DOI:10.1016/j.soildyn.2021.106629.

[124]TRUDNOWSKI R J,RICO R C. Specific gravity of blood and plasma at 4 and 37 ℃[J/OL]. Clinical Chemistry,1974,20(5):615-616. DOI:10.1093/clinchem/20.5.615.

[125]BORKIN D,NEMETHOVA A,MICHALCONOK G,et al. Impact of data normalization on classification model accuracy[J/OL]. Research Papers Faculty of Materials Science and Technology Slovak University of Technology,2019,27:79-84. DOI:10.2478/rput-2019-0029.

[126]ONAN A,KORUKOĜLU S,BULUT H. A multiobjective weighted voting ensemble classifier based on differential evolution algorithm for text sentiment classification[J/OL]. Expert Systems with Applications,2016,62:1-16. DOI:10.1016/j.eswa.2016.06.005.

[127] POHJANKUKKA J, PAHIKKALA T, NEVALAINEN P, et al. Estimating the Prediction Performance of Spatial Models via Spatial k-Fold Cross Validation[A/OL]. arXiv, 2020[2024-11-18]. http://arxiv.org/abs/2005.14263. DOI:10.48550/arXiv.2005.14263.

[128] RUTKOWSKI L, JAWORSKI M, PIETRUCZUK L, et al. The CART decision tree for mining data streams[J/OL]. Information Sciences, 2014, 266:1-15. DOI:10.1016/j.ins.2013.12.060.

[129] TANG W, FENG W, JIA M. Massively parallel spatial point pattern analysis: Ripley's K function accelerated using graphics processing units[J]. International Journal of Geographical Information Science, 2015, 29(3):412-439.

[130] OSTERMAN A, BENEDICIC L, RITOŠA P. An IO-efficient parallel implementation of an R2 viewshed algorithm for large terrain maps on a CUDA GPU[J/OL]. International Journal of Geographical Information Science, 2014, 28(11):2304-2327. DOI:10.1080/13658816.2014.918319.

[131] DONG J, ZHANG J. A multi-level distributed computing approach to XDraw viewshed analysis using apache spark[J/OL]. Remote Sensing, 2023, 15(3):761. DOI:10.3390/rs15030761.

[132] JØRGENSEN F, HØYER A S, SANDERSEN P B E, et al. Combining 3D geological modelling techniques to address variations in geology, data type and density: an example from Southern Denmark[J/OL]. Computers & Geosciences, 2015, 81:53-63. DOI:10.1016/j.cageo.2015.04.010.

[133] ZHANG Q, ZHU H. Collaborative 3D geological modeling analysis based on multi-source data standard[J/OL]. Engineering Geology, 2018, 246:233-244. DOI:10.1016/j.enggeo.2018.10.001.

[134] JACQUEMYN C, JACKSON M D, HAMPSON G J. Surface-based geological reservoir modelling using Grid-Free NURBS curves and surfaces[J/OL]. Mathematical Geosciences, 2018, 51(1):1-28. DOI:10.1007/s11004-018-9764-8.

[135] LYU M, REN B, WU B, et al. A parametric 3D geological modeling method considering stratigraphic interface topology optimization and coding expert knowledge[J/OL]. Engineering Geology, 2021, 293:106300. DOI:10.1016/j.enggeo.2021.106300.

[136] SHEN Y G, LI A B, HUANG J C, et al. Three-dimensional modeling of loose layers based on stratum development law[J/OL]. Open Geosciences, 2022, 14(1):1480-1500. DOI:10.1515/geo-2022-0440.

[137] GUO J, WANG J, WU L, et al. Explicit-implicit-integrated 3-D geological modelling approach: a case study of the Xianyan Demolition Volcano (Fujian, China)[J/OL]. Tectonophysics, 2020, 795:228648. DOI:10.1016/j.tecto.2020.228648.

[138] LÄUTER H, SILVERMAN B W. Density estimation for statistics and data analysis[M]. London-New York: Chapman & Hall, 1986:175-186.

[139]QIU Q,XIE Z,WU L,et al. Automatic spatiotemporal and semantic information extraction from unstructured geoscience reports using text mining techniques[J/OL]. Earth Science Informatics,2020,13(4):1393-1410. DOI:10.1007/s12145-020-00527-9.

[140]WANG C,MA X,CHEN J,et al. Information extraction and knowledge graph construction from geoscience literature[J/OL]. Computers & Geosciences,2018,112:112-120. DOI:10.1016/j.cageo.2017.12.007.

[141]谢雪景,谢忠,马凯,等.结合BERT与BiGRU-Attention-CRF模型的地质命名实体识别[J].地质通报,2023,42(5):846-855.

[142]QIU Q,WANG B,MA K,et al. Geological profile-text information association model of mineral exploration reports for fast analysis of geological content[J/OL]. Ore Geology Reviews,2023,153:105278. DOI:10.1016/j.oregeorev.2022.105278.

[143]WANG Y,CUI L,ZHANG Y. Improving skip-gram embeddings using BERT[J/OL]. IEEE/ACM Transactions on Audio, Speech, and Language Processing,2021,29:1318-1328. DOI:10.1109/TASLP.2021.3065201.

[144]CHU D,WAN B,LI H,et al. Geological entity recognition based on ELMO-CNN-BiLSTM-CRF Model[J/OL]. Earth Science-Journal of China University of Geosciences,2021,46(8):3039. DOI:10.3799/dqkx.2020.309.

[145]CHU D,WAN B,LI H,et al. A machine learning approach to extracting spatial information from geological texts in Chinese[J/OL]. International Journal of Geographical Information Science,2022,36(11):2169-2193. DOI:10.1080/13658816.2022.2087224.

[146]HILLIER M,DE KEMP E,SCHETSELAAR E. 3D form line construction by structural field interpolation (SFI) of geologic strike and dip observations[J/OL]. Journal of Structural Geology,2013,51:167-179. DOI:10.1016/j.jsg.2013.01.012.

[147]ZHAO Y,HUA W,CHEN G,et al. New method for estimating strike and dip based on structural expansion orientation for 3D geological modeling[J/OL]. Frontiers of Earth Science,2021,15(3):676-691. DOI:10.1007/s11707-021-0903-z.

[148]CHERPEAU N,CAUMON G,LEVY B. Stochastic simulations of fault networks in 3D structural modeling[J/OL]. Comptes Rendus Geoscience,2010,342(9):687-694. DOI:10.1016/j.crte.2010.04.008.

[149]YAMAMOTO K,NISHIWAKI-NAKAJIMA N. Automatic analysis of geological structure from dip-strike data[J/OL]. Mathematical Geology,1993,25(7):819-832. DOI:10.1007/bf00891045.

[150]LAJAUNIE C,COURRIOUX G,MANUEL L. Foliation fields and 3D cartography in geology:principles of a method based on potential interpolation[J/OL]. Mathematical Geology,1997,29(4):571-584. DOI:10.1007/bf02775087.

[151]MENEGONI N,GIORDAN D,PEROTTI C,et al. Detection and geometric characterization of rock mass discontinuities using a 3D high-resolution digital outcrop model

generated from RPAS imagery - Ormea rock slope,Italy[J/OL]. Engineering Geology,2019,252:145 - 163. DOI:10.1016/j.enggeo.2019.02.028.

[152] CAUMON G,COLLON - DROUAILLET P,LE CARLIER DE VESLUD C,et al. Surface - based 3D modeling of geological structures[J/OL]. Mathematical Geosciences,2009,41(8):927 - 945. DOI:10.1007/s11004 - 009 - 9244 - 2.

[153] MALLET J L. Geomodeling[M]. New Zealand:Oxford University Press,2002.

[154] MANCHUK J G,DEUTSCH C V. Boundary modeling with moving least squares[J/OL]. Computers & Geosciences,2019,126:96 - 106. DOI:10.1016/j.cageo.2019.02.006.

[155] GIRAUD J,OGARKO V,MARTIN R,et al. Structural, petrophysical, and geological constraints in potential field inversion using the Tomofast - x v1.0 open - source code[J/OL]. Geoscientific Model Development,2021,14(11):6681 - 6709. DOI:10.5194/gmd - 14 - 6681 - 2021.

[156] WELLMANN J F,THIELE S T,LINDSAY M D,et al. Pynoddy 1.0:an experimental platform for automated 3 - D kinematic and potential field modelling[J/OL]. Geoscientific Model Development,2016,9(3):1019 - 1035. DOI:10.5194/gmd - 9 - 1019 - 2016.

[157] GUO J,WANG X,WANG J,et al. Three - dimensional geological modeling and spatial analysis from geotechnical borehole data using an implicit surface and marching tetrahedra algorithm[J/OL]. Engineering Geology,2021,284:106047. DOI:10.1016/j.enggeo.2021.106047.

[158] MALLET J L. Discrete smooth interpolation in geometric modelling[J/OL]. Computer - Aided Design,1992,24(4):178 - 191. DOI:10.1016/0010 - 4485(92)90054 - e.

[159] IRAKARAMA M,LAURENT G,RENAUDEAU J,et al. Finite difference implicit structural modeling of geological structures[J/OL]. Mathematical Geosciences,2020,53(5):785 - 808. DOI:10.1007/s11004 - 020 - 09887 - w.

[160] GROSE L,AILLERES L,LAURENT G,et al. LoopStructural 1.0:time - aware geological modelling[J/OL]. Geoscientific Model Development,2021,14(6):3915 - 3937. DOI:10.5194/gmd - 14 - 3915 - 2021.

[161] PERRIN M,RAINAUD J F. Shared earth modeling:knowledge driven solutions for building and managing subsurface 3D geological models[M]. Paris:Technip,2013:3 - 24.

[162] LAURENT G,CAUMON G,BOUZIAT A,et al. A parametric method to model 3D displacements around faults with volumetric vector fields[J/OL]. Tectonophysics,2013,590:83 - 93. DOI:10.1016/j.tecto.2013.01.015.

[163] GROSE L,AILLERES L,LAURENT G,et al. Modelling of faults in Loop Structural 1.0[J/OL]. Geoscientific Model Development,2021,14(10):6197 - 6213. DOI:10.5194/gmd - 14 - 6197 - 2021.

[164] SONG G,WANG M,JIANG D,et al. Along - strike structural linkage and interaction in an active thrust fault system:a case study from the western Sichuan foreland

basin,China[J/OL]. Basin Research,2020,33(1):210-226. DOI:10.1111/bre.12461.

[165]WANG Q,LI H,XIA S,et al. Geometry of the Quaternary strata along the middle segment of the Longmen Shan and its formation mechanism:insights from AMT,ERT and borehole data[J/OL]. Tectonophysics,2022,826:229226. DOI:10.1016/j.tecto.2022.229226.

[166]LEI J,ZHAO D. Structural heterogeneity of the Longmenshan fault zone and the mechanism of the 2008 Wenchuan earthquake(Ms 8.0)[J/OL]. Geochemistry,Geophysics,Geosystems,2009,10(10):2590. http://dx.doi.org/10.1029/2009gc002590. DOI:10.1029/2009gc002590.

[167]SUN H,HE H,SHI F,et al. Seismogenic Capability of the Northeastern Segment of the Longmenshan Thrust Zone and its Tectonic Role at the Eastern Tibetan Plateau[J/OL]. Acta Geologica Sinica - English Edition,2017,91(5):1930-1931. DOI:10.1111/1755-6724.13428.

[168]WANG B,WU L,LI W,et al. A semi-automatic approach for generating geological profiles by integrating multi-source data[J/OL]. Ore Geology Reviews,2021,134:104190. DOI:10.1016/j.oregeorev.2021.104190.

[169]FU G,SU X,SHE Y,et al. Evidence for normal and deep-buried features of the Longquan Shan fault zone at the eastern margin of the Tibetan plateau[J/OL]. Journal of Asian Earth Sciences,2019,179:56-64. DOI:10.1016/j.jseaes.2019.04.004.

[170]WANG B,LIU Z X,LEI C Y. A geological 3D modeling method of comprehensive geological section for Chengdu[J]. Sedimentary Geology and Tethyan Geology,2021,41(1):112-120.